Michael Hilgers

Getriebe und Antriebsstrangauslegung

Michael Hilgers
Weinstadt, Deutschland

Nutzfahrzeugtechnik lernen
ISBN 978-3-658-12758-9
DOI 10.1007/978-3-658-12759-6

Die Deutsche Nationalbibliothek verzeichnet diese Publikation in der Deutschen Nationalbibliografie; detaillierte bibliografische Daten sind im Internet über http://dnb.d-nb.de abrufbar.

Springer Vieweg
© Springer Fachmedien Wiesbaden 2016
Das Werk einschließlich aller seiner Teile ist urheberrechtlich geschützt. Jede Verwertung, die nicht ausdrücklich vom Urheberrechtsgesetz zugelassen ist, bedarf der vorherigen Zustimmung des Verlags. Das gilt insbesondere für Vervielfältigungen, Bearbeitungen, Übersetzungen, Mikroverfilmungen und die Einspeicherung und Verarbeitung in elektronischen Systemen.
Die Wiedergabe von Gebrauchsnamen, Handelsnamen, Warenbezeichnungen usw. in diesem Werk berechtigt auch ohne besondere Kennzeichnung nicht zu der Annahme, dass solche Namen im Sinne der Warenzeichen- und Markenschutz-Gesetzgebung als frei zu betrachten wären und daher von jedermann benutzt werden dürften.
Der Verlag, die Autoren und die Herausgeber gehen davon aus, dass die Angaben und Informationen in diesem Werk zum Zeitpunkt der Veröffentlichung vollständig und korrekt sind. Weder der Verlag noch die Autoren oder die Herausgeber übernehmen, ausdrücklich oder implizit, Gewähr für den Inhalt des Werkes, etwaige Fehler oder Äußerungen.

Gedruckt auf säurefreiem und chlorfrei gebleichtem Papier.

Springer Vieweg ist Teil von Springer Nature
Die eingetragene Gesellschaft ist Springer Fachmedien Wiesbaden GmbH

Inhaltsverzeichnis

1	Vorwort		1
2	**Getriebe und Antriebsstrangauslegung**		3
	2.1	Auslegung des Triebstrangs	4
		2.1.1 Fahrwiderstand	4
		2.1.2 Getriebe und Achsgetriebe sind Drehmoment- und Drehzahlwandler	6
		2.1.3 Realer Motor und die Übersetzung	7
		2.1.4 Traktionsgrenze	10
		2.1.5 Triebstrangauslegung beim Bremsen	11
3	**Getriebe**		13
	3.1	Hauptgetriebe	15
		3.1.1 Innere Schaltung	16
		3.1.2 Rückwärtsgang	19
		3.1.3 Räderschema	19
		3.1.4 Bauformen des Stirnradgetriebes	20
		3.1.5 Übersetzung	21
		3.1.6 Verluste im Getriebe	23
	3.2	Splitgruppe	24
	3.3	Planetengetriebe	25
	3.4	Bereichsgruppe	28
	3.5	Gruppengetriebe	28
	3.6	Äußere Schaltung	32
		3.6.1 Automatisierte Getriebe	34
	3.7	Automatgetriebe	35
	3.8	Nebenabtriebe	36
	3.9	Verteilergetriebe	37

4	**Kupplung**	41
	4.1 Reibkupplung	41
	4.2 Hydrodynamische Kupplungen und Wandler	42
	4.2.1 Kupplungskonzepte für Schwertransporte	43
5	**Gelenkwelle(n)**	45
6	**Retarder**	47
	6.1 Hydrodynamische Retarder	48
	6.1.1 Wasserretarder	49
	6.2 Induktive Retarder	49
	6.2.1 Retarder mit Permanentmagneten	49
	6.2.2 Retarder mit Elektromagneten	50

Verständnisfragen	51
Abkürzungen und Symbole	53
Literatur	55
Sachverzeichnis	57

Vorwort   1

Für meine Kinder Paul, David und Julia,
die ebenso wie ich viel Freude an Lastwagen haben
und für meine Frau Simone Hilgers-Bach,
die viel Verständnis für uns hat.

Seit vielen Jahren arbeite ich in der Nutzfahrzeugbranche. Immer wieder höre ich sinngemäß: „Sie entwickeln Lastwagen? – Das ist ja ein Jungentraum!"

In der Tat, das ist es!

Aus dieser Begeisterung heraus, habe ich versucht, mir ein möglichst vollständiges Bild der Lkw-Technik zu machen. Dabei habe ich festgestellt, dass man Sachverhalte erst dann wirklich durchdrungen hat, wenn man sie schlüssig erklären kann. Oder um es griffig zu formulieren: „Um wirklich zu lernen, muss man lehren". Daher habe ich im Laufe der Zeit begonnen, möglichst viele technische Aspekte der Nutzfahrzeugtechnik mit eigenen Worten niederzuschreiben.

Das vorliegende Heft behandelt das Getriebe und die Auslegung von Getriebe und Übersetzungen im Antriebsstrang. Der Fokus des Textes liegt darauf, die in Europa üblichen technischen Lösungen zum Zeitpunkt des Drucks gut verständlich darzustellen. Die lernenden Leser (Studierende, Techniker) werden in diesem Text einen guten Einstieg finden und mögen sich durch dieses Heft angesprochen fühlen, die Nutzfahrzeugtechnik als spannendes Betätigungsfeld zu entdecken. Ich bin darüber hinaus überzeugt, dass das vorliegende Heft auch dem Technikfachmann aus benachbarten Disziplinen von Mehrwert sein wird, der über den Tellerrand schauen möchte und einen kompakten und gut verständlichen Abriss sucht.

Das wichtigste Ziel dieses Textes ist es, dem Leser die Faszination der Lastwagentechnik nahezubringen und beim Lesen Freude zubereiten. In diesem Sinne wünsche ich Ihnen, liebe Leser, viel Spaß beim Lesen, Querlesen und Schmökern.

An dieser Stelle bedanke ich mich bei meinen Vorgesetzten und zahlreichen Kollegen in der Lkw-Sparte der Daimler AG, die mich bei der Realisierung dieser Serie unterstützt haben. Für wertvolle Hinweise bedanke ich mich besonders bei Herrn Stefan Schwarz, der den Text zur Korrektur gelesen hat. Beim Springer Verlag bedanke ich mich für die freundliche Zusammenarbeit, die zu dem vorliegenden Ergebnis geführt hat.

Zu guter Letzt noch eine Bitte in eigener Sache. Es ist mein Wunsch, diesen Text kontinuierlich weiterzuentwickeln. Dazu ist mir Ihre Hilfe, lieber Leser, hochwillkommen. Fachliche Anmerkungen und Verbesserungsvorschläge bitte ich an folgende E-Mail-Adresse zu senden: hilgers.michael@web.de. Je konkreter Ihre Bemerkungen sind, umso leichter werde ich sie nachvollziehen und gegebenenfalls in zukünftige Auflagen integrieren können. Sollten Sie inhaltliche Ungereimtheiten oder gar Fehler entdecken, so bitte ich Sie, mir diese auf dem gleichen Wege mitzuteilen.

Und jetzt viel Spaß mit dem Getriebe wünscht Ihnen

August 2016
Weinstadt-Beutelsbach
Stuttgart-Untertürkheim
Aachen
Michael Hilgers

Getriebe und Antriebsstrangauslegung 2

Getriebe, Kupplung und Gelenkwelle haben die Aufgabe, die mechanische Bewegung des Motors zur Achse und zu den Rädern zu bringen. Darüber hinaus erfüllen diese Bauteile weitere Funktionen, die unverzichtbar sind. Die Bewegung des Motors muss gewandelt werden: Die momentane Drehzahl des Verbrennungsmotors entspricht in der Regel nicht der am Rad gewünschten Drehzahl und das Motormoment muss gewandelt werden, um die am Rad erforderliche Vortriebskraft zur Verfügung zu stellen. Diese Aufgabe der Drehzahl- und Drehmomentwandlung erfüllt das Getriebe.

Des Weiteren erlaubt das Getriebe es, die Drehrichtung der Räder umzukehren, das heißt, durch das Getriebe wird das Fahrzeug befähigt, vorwärts und rückwärts zu fahren.

Außerdem greifen Nebenabtriebe und verschleißfreie Dauerbremsen – sogenannte Retarder – häufig am Getriebe an, um Antriebskraft abzugreifen (beim Nebenabtrieb) oder Bremskraft an die Räder zu geben (beim Retarder).

Das Getriebe verfügt außerdem über eine Neutralstellung, in der der Motor und der Triebstrang hinter dem Getriebe mechanisch entkoppelt sind.

Zwischen Motor und Getriebe sitzt die Kupplung. Die Kupplung trennt beziehungsweise verbindet (kuppelt) Motor und Getriebe. Diese Trennung ist erforderlich für den Start des Motors, den Anhaltevorgang und für den Gangwechsel im Getriebe. Beim Startvorgang des Verbrennungsmotors hat der Motor seine liebe Mühe sich selbst am Laufen zu halten, daher werden alle Widerstände die der Motordrehung entgegenstehen durch die Kupplung abgekoppelt. Hält das Fahrzeug an, so läuft der Motor mit der Leerlaufdrehzahl weiter. Um also das Fahrzeug tatsächlich zum Stillstand zu bringen, muss der Motor durch die Kupplung abgetrennt werden. Auch für den Wechsel des Fahrgangs im konventionellen Schaltgetriebe benötigt man die Kupplung. Denn der Wechsel des Getriebeganges während der Fahrt erfordert, dass das Getriebe lastfrei ist. Das Motormoment muss abgekoppelt sein, damit sich die Zahnräder voneinander lösen können: dies geschieht durch Öffnen der Kupplung.

Am Getriebeausgang ist die Gelenkwelle angeflanscht. Sie überträgt die Drehbewegung zur Achse. Außerdem ermöglicht sie, dass sich die Motor-Getriebe-Einheit relativ zur Achse bewegt. Motor, Getriebe und Kupplung sind in der Regel ein festverschraubter Block, der in den Fahrzeugrahmen hineingehängt ist. Wenn man von einem geringen Spiel absieht, das die Elastomerlager der Motor- bzw. Getriebelagerung ermöglichen, sind Motor und Getriebe relativ zum Rahmen ortsfest. Die Achse bewegt sich aber beim Einfedervorgang relativ zum Fahrzeugrahmen deutlich. Damit ergibt sich eine Relativbewegung zwischen Achse und Getriebe, die durch die Gelenkwelle ausgeglichen wird.

Der zweite Flansch der Gelenkwelle ist beim konventionellen Fahrzeug (ohne Verteilergetriebe) am Eingang des Achsgetriebes angebracht. Das Achsgetriebe hat die Aufgabe, die Drehachse der rotierenden Teile um 90° abzuwinkeln: Beim Lkw drehen sich die Kurbelwelle des Motors, die Wellen des Getriebes und die Gelenkwelle um Drehachsen, die in erster Näherung in Fahrzeuglängsrichtung verlaufen – die Fahrzeuglängsachse wird in der Regel als x-Achse bezeichnet. Die Räder hingegen drehen sich um eine Achse senkrecht zur Fahrtrichtung, die in der Industrie als die y-Achse bezeichnet wird. Die detaillierten Funktionen der Achse und das Differential werden in [3] beschrieben.

Zum Triebstrang gehören je nach Fahrzeugausführung noch weitere Elemente wie das Verteilergetriebe, die durch das Verteilergetriebe erforderlichen weiteren Antriebswellen, Nebenabtriebe und die verschleißfreien Bremselemente.

2.1 Auslegung des Triebstrangs

Bei der Konfiguration des Triebstrangs werden verschiedenste Anforderungen berücksichtigt, wie Lebensdauer, Gewicht etc. Aber zunächst einmal muss der Triebstrang so ausgelegt sein, dass er die Basis-Anforderung erfüllt, nämlich das Fahrzeug gegen den Fahrwiderstand zu bewegen.

2.1.1 Fahrwiderstand

Die Kraft, die erforderlich ist, den Gesamtfahrwiderstand zu überwinden ist:

$$F_{Fahrwiderstand} = F_{Luft} + F_{Roll} + F_{Berg} \tag{2.1}$$

Der Fahrwiderstand setzt sich zusammen aus einem gewichtsabhängigen Anteil, der erforderlich ist die Steigung zu überwinden, dem gewichtsabhängigen Rollwiderstand und dem geschwindigkeitsabhängigen Luftwiderstand.

2.1 Auslegung des Triebstrangs

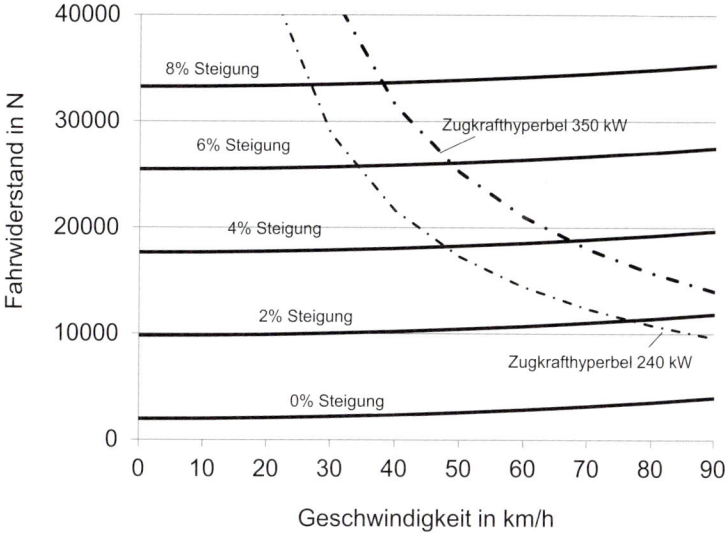

Abb. 2.1 Fahrwiderstand eines modernen Sattelzugs, der auf 40 Tonnen Gesamtgewicht ausgeladen ist. $A \cdot c_W$ ist hier mit $10\,\text{m}^2 \cdot 0{,}5 = 5\,\text{m}^2$ angenommen und der Rollwiderstandbeiwert c_{Roll} mit einem Wert von 0,005 angesetzt worden. Die theoretisch maximal an den Rädern zur Verfügung stehende Kraft (Zugkrafthyperbel) ist für ein Fahrzeug mit 240 kW (327 PS) maximaler Motorleistung und für ein Fahrzeug mit 350 kW (476 PS) eingezeichnet

Setzt man die entsprechenden Terme ein, erhält man für den Fahrwiderstand die folgende Formel:

$$F_{\text{Fahrwiderstand}} = 1/2 \cdot \rho \cdot v^2 \cdot A \cdot c_W \\ + m_{\text{Gesamt}} \cdot g \cdot c_{\text{Roll}} \cdot \cos(\alpha) \\ + m_{\text{Gesamt}} \cdot g \cdot \sin(\alpha) \quad (2.2)$$

In Abb. 2.1 ist der Fahrwiderstand eines 40 Tonnen schweren Sattelzugs mit einem $A \cdot c_W$-Wert von $5\,\text{m}^2$ dargestellt in Abhängigkeit von der Geschwindigkeit des Fahrzeugs und für verschiedene Steigungen. Der Anstieg des Fahrwiderstandes mit steigender Geschwindigkeit ist sichtbar. Einen deutlich größeren Einfluss auf den Fahrwiderstand aber hat bei schweren Nutzfahrzeugen die Steigung, die das Fahrzeug erklimmen muss.

Die theoretisch maximale Kraft $F_{\text{max,theoretisch}}$, mit der das Fahrzeug den Fahrwiderstand überwinden kann, ergibt sich aus der maximalen Motorleistung P_{max}. Die maximale Kraft ist abhängig von der Geschwindigkeit:

$$F_{\text{max,theoretisch}} = P_{\text{max,Motor}}/v \quad (2.3)$$

Die maximale Kraft $F_{\text{max,theoretisch}}$ nimmt mit niedrigen Geschwindigkeiten zu.

Der Verlauf der maximalen Kraft des Fahrzeugs, der sich aus der maximalen Motorleistung nach Gl. 2.3 ergibt, nennt sich Gleichleistungshyperbel oder Zugkrafthyperbel. In Abb. 2.1 sind zwei Zugkrafthyperbeln eingezeichnet. Die Bereiche rechts oberhalb der Zugkrafthyperbel sind für das Fahrzeug mit dem betreffenden Triebstrang nicht erreichbar.

Ist die Kraft, die dem Fahrzeug zur Verfügung steht, so groß wie der Fahrwiderstand, so kann es mit gleichbleibender Geschwindigkeit fahren. Ist die maximal vom Motor zur Verfügung stehende Kraft geringer als der Fahrwiderstand, so verliert das Fahrzeug an Geschwindigkeit. Verfügt das Fahrzeug über eine Zugkraftreserve – das heißt, die maximal mögliche Kraft an den Rädern ist größer als der Fahrwiderstand – so kann das Fahrzeug sogar noch beschleunigen.

2.1.2 Getriebe und Achsgetriebe sind Drehmoment- und Drehzahlwandler

Getriebe und Achsgetriebe wandeln in erster Näherung das Drehmoment. Wir vernachlässigen die Energieverluste in Getriebe und Achsgetriebe (die in der Tat klein sind, aber an anderer Stelle nicht vernachlässigt werden dürfen – siehe zum Beispiel [5]), und es gilt, dass die in das Getriebe und anschließend in die Achse hineinfließende Arbeit auch wieder abgegeben wird. Dies folgt, da wir Verlustfreiheit annehmen, aus dem Energieerhaltungssatz. Da sowohl Getriebe als auch Achse keine Energie speichern, wird die mechanische Energie instantan weitergegeben und damit gilt, dass die in das Getriebe oder die Achse hineinfließende Leistung sofort wieder abgegeben wird:

$$P_{in} = P_{out} \qquad (2.4)$$

$$P_{in} = M_{in} \cdot \omega_{in} = P_{out} = M_{out} \cdot \omega_{out} \qquad (2.5)$$

damit ergibt sich eine Drehmoment- und Drehzahlwandlung:

$$\frac{\omega_{in}}{\omega_{out}} = \frac{M_{out}}{M_{in}} \qquad (2.6)$$

Wird die Drehzahl verringert, so wird das Drehmoment gesteigert und umgekehrt. Das Verhältnis von ausgehender zu eingehender Drehzahl wird Übersetzung i genannt[1]:

$$i = \frac{\omega_{in}}{\omega_{out}} \qquad (2.7)$$

---

[1] Streng genommen ist die Übersetzung eine vorzeichenbehaftete Größe: Ist die Drehzahl der Ausgangswelle gegensinnig zur Eingangswelle, so ist die Übersetzung negativ. Drehen beide Wellen gleichsinnig, so ist die Übersetzung positiv. Der Einfachheit halber verzichten wir meist auf das Vorzeichen und arbeiten mit dem Betrag.

2.1.3 Realer Motor und die Übersetzung

Eine typische Kennlinie für einen modernen Dieselmotor, der in einem schweren Straßen-Lkw zum Einsatz kommt, zeigt Abb. 2.2. Es ist der Verlauf der maximal möglichen mechanischen Leistung des Motors über der Motordrehzahl aufgetragen. Abb. 2.2 zeigt die Kennlinie für vier Leistungsvarianten eines Motortyps.

Der nutzbare Drehzahlbereich des Motors liegt ungefähr zwischen 800 Umdrehungen pro Minute (U/Min) und 2000 U/Min. Im Rangierbetrieb kann man den Motor auch in der Nähe der Leerlaufdrehzahl bei 500 U/Min betreiben. Die Drehzahl des Motors wird durch Getriebe und Achse übersetzt in die Drehzahl des Rades und damit die Geschwindigkeit des Fahrzeugs. Motordrehzahl und Fahrzeuggeschwindigkeit hängen folgendermaßen zusammen: Mit der Getriebeübersetzung $i_{Getriebe}$, der Achsübersetzung i_{Achse} und dem Radius des Rades r_{dyn} ergibt sich die Geschwindigkeit v in Abhängigkeit von der Motordrehzahl n_{Motor} zu:

$$v_{Fahrzeug} = 2 \cdot \pi \cdot n_{Motor} \cdot r_{dyn} \cdot \frac{1}{i_{Getriebe}} \cdot \frac{1}{i_{Achse}} \quad (2.8)$$

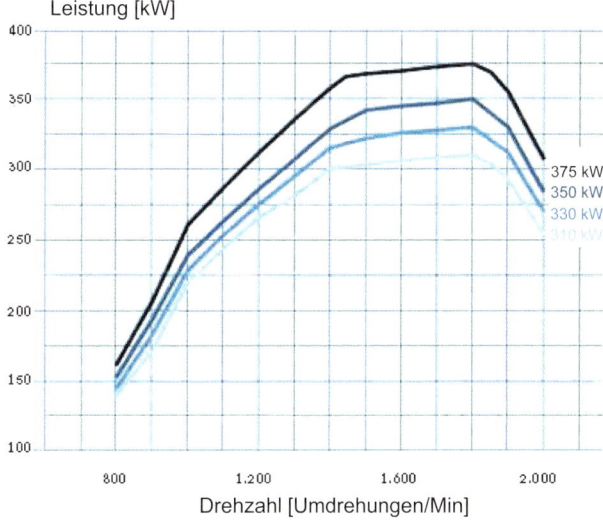

Abb. 2.2 Maximalleistungskurve oder Volllastkurve des Dieselmotors OM471 von Mercedes-Benz. Der Motor ist in vier Leistungsstufen erhältlich [6]

2.1.3.1 Spreizung des Getriebes

Die Spreizung $i_{Spreizung}$ des Getriebes beschreibt, wie groß das Verhältnis der Getriebeübersetzung des kleinsten und des höchsten Ganges ist:

$$i_{Spreizung} = \frac{i_{\text{kleinster Gang des Getriebes}}}{i_{\text{höchster Gang des Getriebes}}} \quad (2.9)$$

Bei Direktganggetrieben ist die Übersetzung des höchsten Ganges gleich 1 und damit die Spreizung gleich der Übersetzung des kleinsten Ganges. Anhand der Überlegungen für ein Fernverkehrsfahrzeug wird im Folgenden erläutert, wie man die gewünschte Spreizung eines Getriebes festlegt. Die hier gewählten konkreten Zahlenwerte entsprechen ungefähr der Triebstrangauslegung für moderne europäische Fernverkehrsfahrzeuge, die in einem leichten bis mittelschweren Fahrprofil eingesetzt werden.

2.1.3.2 Der obere Geschwindigkeitsbereich und die Achsübersetzung

Dieselmotoren werden bei niedrigen Drehzahlen besonders verbrauchseffizient betrieben. Daher strebt man an, den Motor bei Drehzahlen um 1100–1200 U/Min einzusetzen[2]; wir nehmen für unser Beispiel eine Drehzahl von 1170 U/Min beziehungsweise 19,5 Umdrehungen pro Sekunde an. Des Weiteren möchte man im Hauptbetriebspunkt des Fahrzeugs das Getriebe im direkten Gang betreiben, da dies verbrauchseffizient ist – dazu später mehr. Der direkte Gang bedeutet $i_{Getriebe} = 1$. Wenn man annimmt, dass der Hauptbetriebspunkt des Fahrzeugs auf der Autobahn bei 89 Stundenkilometern liegt, das entspricht 24,7 Metern pro Sekunde, erhält man bei einem Reifenradius von 0,53 m eine sinnvolle Achsübersetzung für das Fernverkehrsfahrzeug:

$$\begin{aligned} i_{Achse} &= 2 \cdot \pi \cdot n_{Motor} \cdot r_{dyn} \cdot \frac{1}{i_{Getriebe}} \cdot \frac{1}{v_{Fahrzeug}} \\ &= 2 \cdot 3{,}1415 \cdot 19{,}5\,\text{s}^{-1} \cdot 0{,}53\,\text{m} \cdot 1 \cdot \frac{1}{24{,}7\,\frac{\text{m}}{\text{s}}} \\ &= 2{,}63 \end{aligned} \quad (2.10)$$

2.1.3.3 Rangiergeschwindigkeit

Um auch im unteren Geschwindigkeitsbereich ein gut fahrbares – das heißt gut rangierbares – Fahrzeug darzustellen, ermittelt man die Anforderungen an den kleinsten Gang. Nimmt man an, dass man mit 2,5 km/h rangieren will (circa 0,7 m pro Sekunde) und dabei die Leerlaufdrehzahl des Motors von 500 Umdrehungen pro Minute (8,33 Umdrehungen pro Sekunde) nutzen will, so erhält man als Anforderungen an den kleinsten Getriebegang

---

[2] Noch niedrigere Motordrehzahlen bedeuten, dass die verfügbare Motorleistung gering ist – siehe Abb. 2.2 – und dass daher schon bei sehr kleinen Erhöhungen des Fahrwiderstandes eine Rückschaltung erforderlich wäre.

2.1 Auslegung des Triebstrangs

eine Übersetzung von:

$$\begin{aligned} i_{Getriebe} &= 2 \cdot \pi \cdot n_{Motor} \cdot r_{dyn} \cdot \frac{1}{i_{Achse}} \cdot \frac{1}{v_{Fahrzeug}} \\ &= 2 \cdot 3{,}1415 \cdot 19{,}5\,\text{s}^{-1} \cdot 0{,}53\,\text{m} \cdot \frac{1}{2{,}63} \cdot \frac{1}{0{,}7\,\frac{\text{m}}{\text{s}}} \\ &= 15 \end{aligned} \qquad (2.11)$$

2.1.3.4 Reale Drehmomentkurve und die Zugkrafthyperbel

Die reale Drehmomentkurve des Motors nach Abb. 2.2 zeigt, dass der Motor nur in einem schmalen Drehzahlband die maximale Motorleistung anbietet. Die Zugkrafthyperbel aus Abb. 2.1 steht also nur zur Verfügung, wenn bei jeder Fahrzeug-Geschwindigkeit die Motordrehzahl, die zur maximalen Motorleistung gehört, „eingestellt" werden kann. Um den Motor bei einem kontinuierlichen Geschwindigkeitsprofil immer im Punkt der maximalen Motorleistung zu betreiben, wäre es nach Gl. 2.8 erforderlich, ein Getriebe mit unendlich vielen Gängen zu benutzen. Man spricht vom kontinuierlichen Getriebe. Im Nutzfahrzeug kommen aber gestufte Getriebe zum Einsatz, da solche Getriebe besonders wenig Verlustleistung erzeugen und kostengünstig und robust sind. Die Aufgabe besteht also nun darin, durch geeignet viele Gänge die real verfügbare Zugkraft an die Zugkraftparabel anzunähern.

Die real an den Rädern verfügbare Kraft ergibt sich für jeden Gang mit dem geschwindigkeitsabhängigen Motordrehmoment $M_{Motor}(v)$:

$$F_{Antrieb} = M_{Motor}(v) \cdot i_{Getriebegang} \cdot i_{Achse} \cdot \frac{1}{r_{dyn}} \qquad (2.12)$$

Bei einem 12-Gang-Getriebe mit Direktgang im höchsten Gang und mit einer Spreizung von 15 ergeben sich die in Abb. 2.3 gezeigten Verläufe der Antriebskraft für jeden Gang einzeln. Wenn die Gänge dicht genug liegen, ist eine Annäherung an die Parabel der maximal möglichen Antriebskraft hinreichend gut möglich.

Überschusskraft und Steigvermögen des Fahrzeugs

Zieht man von der maximalen Kraft $F_{max,theoretisch}$ (Gl. 2.3) den Rollwiderstand F_{Roll} und den Luftwiderstand F_{Luft} ab, so erhält man die sogenannte Überschusskraft $F_{Ü}$

$$F_{Ü} = F_{max,theoretisch} - F_{Luft} - F_{Roll} \qquad (2.13)$$

Diese Überschusskraft kann verwendet werden, um das Fahrzeug zu beschleunigen oder um eine Steigung zu erklimmen. Das maximale Steigvermögen des Fahrzeugs ist:

$$\sin(\alpha_{Maximalsteigung}) = \frac{F_{Ü}}{m_{Gesamt} \cdot g} \qquad (2.14)$$

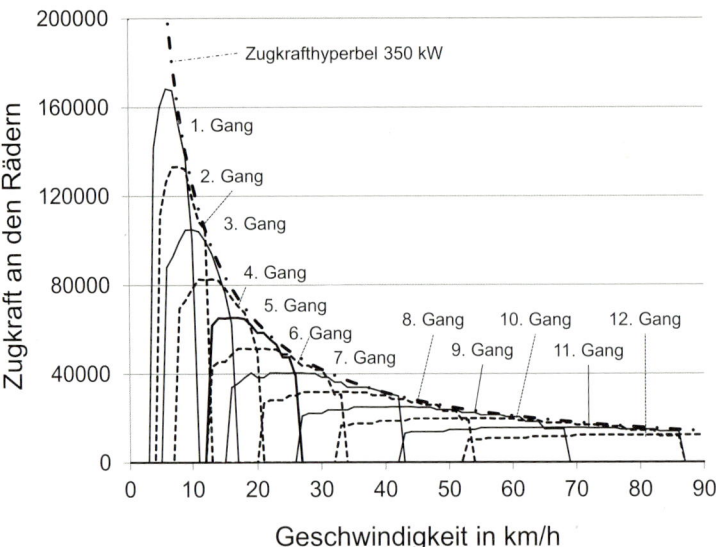

Abb. 2.3 Verlauf der Antriebskraft für den Triebstrang eines Fahrzeuges mit einer Achsübersetzung von $i_{Achse} = 2{,}62$, einer Drehmomentkurve des Motors analog der Abb. 2.2 und einem gleichmäßig gestuften Direktganggetriebe mit 12 Gängen und einer Spreizung von circa 15. Es wurde der oben schon verwendete Radhalbmesser von $r_{dyn} = 0{,}53$ m verwendet

$F_{Ü}$ und damit $\alpha_{Maximalsteigung}$ sind abhängig von der momentanen Geschwindigkeit des Fahrzeugs. Aus dem Verlauf der verfügbaren Antriebskraft (vergleiche Abb. 2.3) ist ersichtlich, dass die maximale Steigfähigkeit erreicht wird, wenn man mit der Geschwindigkeit in die Steigung einfährt, bei der die Kraft an den Rädern maximal ist. Anfahren am Berg ist nur bei geringeren Steigungen möglich.

2.1.4 Traktionsgrenze

Um die tatsächlich nutzbare Kraft eines Fahrzeuges zu ermitteln, muss man neben der Zugkrafthyperbel (die sich aus der Leistung des Motors ergibt) des Weiteren berücksichtigen, dass die Kraft des Fahrzeugs über die Räder auf den Grund übertragen werden muss. Erreicht das Fahrzeug seine Traktionsgrenze, so hilft auch ein noch so leistungsfähiger Motor nicht weiter. Eine Erfahrung, die vermutlich jeder schon bei winterlichen Straßenverhältnissen hat machen dürfen. Die maximal an einem der Räder auf die Straße übertragbare Kraft ergibt sich mit dem Reibungsbeiwert μ und der Radlast – das heißt der Kraft, mit der das Rad auf die Straße gedrückt wird – zu:

$$F_{max, Traktionsgrenze} = F_{Radlast} \cdot \mu \qquad (2.15)$$

Die Traktionsgrenze lässt sich in Abb. 2.3 als horizontale Linie denken. Wird eine Kraft oberhalb dieser Linie auf die Räder übertragen, so werden diese durchdrehen.

2.1.5 Triebstrangauslegung beim Bremsen

Auch die Bremsfähigkeit des Fahrzeugs wird bei der Auslegung des Triebstrangs betrachtet. Die Radbremse (siehe auch [4]) leistet die sichere Verzögerung des Fahrzeugs. Sie ist aber nicht für den Dauerbremsbetrieb bei langer Bergabfahrt ausgelegt, da die Radbremse dann thermisch überlastet wird. Für den Dauerbremsbetrieb werden Motorbremse und Dauerbremssysteme (Siehe Abschn. 6) benutzt. Die Bremskraft, die erforderlich ist, um das Fahrzeug mit konstanter Geschwindigkeit in der Bergabfahrt zu halten, ergibt sich analog zu Gl. 2.1:

$$F_{Beharrung} = F_{Bergabtrieb} - F_{Luft} - F_{Roll} \tag{2.16}$$

Getriebe 3

Es gibt eine Vielzahl von verschiedenen Getriebearten im Fahrzeugbau. Das Drehmoment kann hydraulisch gewandelt werden oder mechanisch. Hydraulische Varianten weisen in der Regel eine höhere Verlustleistung auf als mechanische. Mechanische Lösungen basieren auf dem Prinzip, dass die Bewegung zwischen zwei unterschiedlich großen Rädern übertragen wird. Die Welle des größeren Rades erfährt dabei eine geringere Winkelgeschwindigkeit und ein höheres Moment.

Die mechanischen Lösungen werden danach kategorisiert, wie die Kraft zwischen zwei Wellen (mit unterschiedlich großen Rädern) übertragen wird. Die Übertragung bei Umschlingungsgetrieben oder Zugmittelgetrieben erfolgt durch ein Zugmittel, das die beiden Räder umschlingt – siehe Abb. 3.1, oberer Teil. Das Zugmittel kann ein Riemen sein (sehr alte Fahrzeuge) oder eine Kette (beispielsweise beim Fahrrad) oder auch ein Zahnriemen. Eine exotische Spielart des mechanischen Getriebes sind Reibgetriebe, bei denen zum Beispiel eine Reibscheibe die Kraft zwischen Eingangs- und Ausgangswelle überträgt. Solche Getriebe erlauben interessante Übersetzungsbereiche, haben sich aber im Automobilbau nicht durchgesetzt. Ebenso hat sich das Kegelringgetriebe [11], bei dem ein verschiebbarer Reibring die Kraft zwischen zwei Kegeln überträgt, nicht etabliert.

Werden direkt kämmende Zahnräder verwendet – wie in Abb. 3.1 im unteren Bild gezeigt – so spricht man vom Zahnradgetriebe. Im Nutzfahrzeug, bei dem sehr hohe Drehmomente und Kräfte übertragen werden, werden Zahnradgetriebe verwendet. Die direkte Verzahnung verursacht eine Drehrichtungsumkehr. Man unterscheidet sogenannte Standgetriebe, das sind Getriebe, bei denen die Achsen, der sich drehenden Teile ortsfest zum Getriebegehäuse sind, und Umlaufgetriebe, bei denen die Achsen der Räder sich im Getriebegehäuse bewegen. Das in Abschn. 3.3 erläuterte Planetengetriebe ist ein Umlaufgetriebe, da sich dort die Achsen der Planetenräder auf Kreisbahnen bewegen.

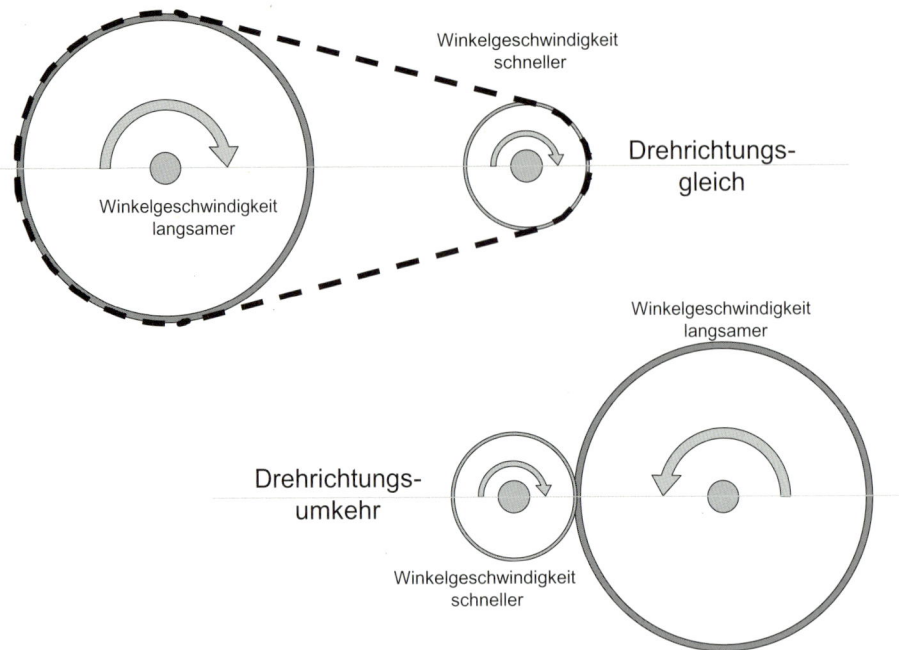

Abb. 3.1 Grundprinzip des mechanischen Getriebes: Zwei unterschiedlich große Räder treiben einander an. Dadurch entsteht Drehzahl- und Drehmomentwandlung. Sind die Räder über Kette oder Riemen miteinander gekoppelt, so bleibt die Drehrichtung erhalten. Beim Zahnradgetriebe erfolgt eine Umkehr der Drehrichtung

Getriebe und Gesamtfahrzeug

Das Getriebe beeinflusst zahlreiche wichtige Eigenschaften des Fahrzeugs. Wie weiter oben bereits erläutert, sind Rangiergeschwindigkeit, Motordrehzahl bei Reisegeschwindigkeit, Steigfähigkeit des Fahrzeugs und Beschleunigungsvermögen des Fahrzeugs von der Triebstrangauslegung und dem Getriebe bestimmt. Weitere Fahrzeugeigenschaften, zu denen das Getriebe beiträgt, sind beispielsweise der Kraftstoffverbrauch und die Geräusche des Fahrzeugs. Das Getriebe beeinflusst die Motorbremswirkung und beim Primärretarder die Retarderbremswirkung. Der Schaltkomfort des Getriebes trägt zum allgemeinen Komfort des Fahrzeugs bei.

Der Bauraum, den das Getriebe im Gesamtfahrzeugkonzept beanspruchen darf, ist eingeschränkt: Das Getriebe sollte nicht über den Rahmen hinausragen, um für den Aufbau, den das Fahrzeug tragen wird, einen möglichst einfachen und quaderförmigen Bauraum anzubieten. Nach unten ist das Volumen für das Getriebe begrenzt, da die Bodenfreiheit des Fahrzeugs erhalten bleiben soll. Des Weiteren ist zwischen Getriebe und Rahmen weiterer Freiraum erforderlich, um Pneumatikleitungen und Kabel verlegen zu können.

3.1 Hauptgetriebe

Natürlich trägt das Getriebe auch zu den ewigen Zieldimensionen des Lastkraftwagens, nämlich Kosten und Gewicht bei. Das Getriebe trägt zu den Herstellkosten bei, aber ebenso zu den Reparatur- und Wartungskosten, hier ist insbesondere das Ölwechselintervall zu nennen. Synthetische Öle und ein Getriebeölkühler tragen dazu bei, das Ölwechselintervall des Getriebes zu verlängern.

3.1 Hauptgetriebe

Zwei miteinander kämmende Zahnräder, die auf unterschiedlichen Wellen sitzen, – wie in Abb. 3.1 im unteren Bild gezeigt – bilden ein Zahnradpaar. Dieses Zahnradpaar ist ein „Gang". Auf den beiden parallel zueinander verlaufenden Wellen eines Fahrzeuggetriebes sitzen mehrere Zahnräder. Der Durchmesser der Zahnräder einer Welle ist unterschiedlich, dadurch erhält man unterschiedliche Übersetzungsverhältnisse oder verschiedene „Gänge". Abb. 3.2 zeigt dies.

Auf einer der beiden Wellen sind alle Zahnräder drehfest mit der Welle verbunden. Die Welle und alle auf ihr sitzenden Zahnräder rotieren mit der gleichen Winkelgeschwindigkeit. Man spricht von sogenannten „Festrädern".

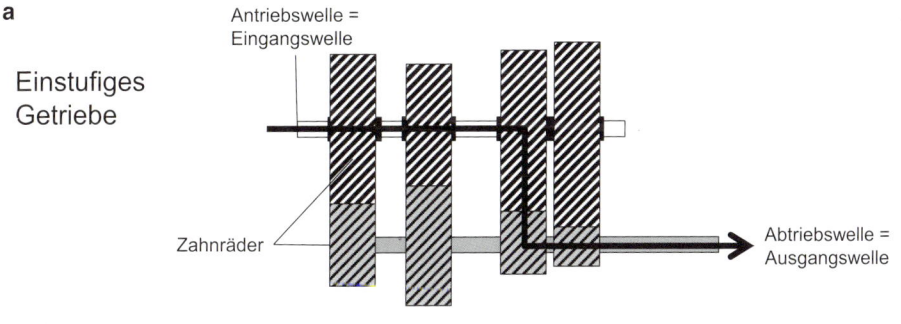

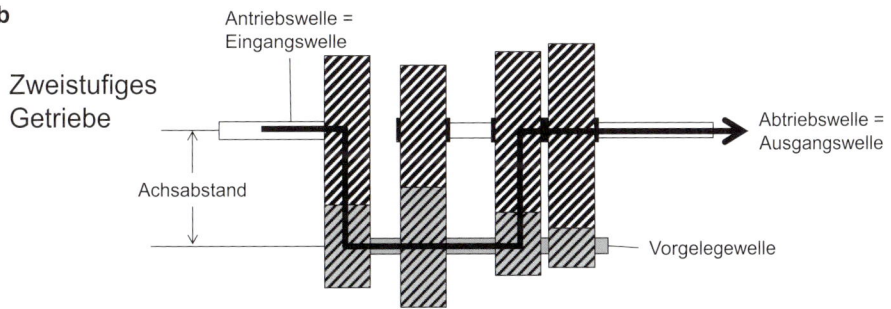

Abb. 3.2 Das einstufige Getriebe und das zweistufige Getriebe

Auf der anderen Welle sind die Zahnräder frei um die Welle drehbar; das ist erforderlich, denn sonst würde sich aufgrund der unterschiedlichen Übersetzungsverhältnisse gar nichts drehen. Die frei um die Welle drehbaren Räder nennt man „Losrad". Immer nur eines der Losräder wird drehfest mit der Welle verbunden. Stellt man diese Verbindung her, so wird ein Gang eingelegt.

In heutigen Nutzfahrzeuggetrieben sind die Zahnradpaare immer im Eingriff (man sagt, sie „kämmen"). Das heißt alle Zahnräder drehen sich. Aber nur das Zahnradpaar, bei dem das Losrad drehfest mit der Welle verbunden ist (Abschn. 3.1.1), überträgt Drehmoment von einer Welle auf die andere und bestimmt die Drehgeschwindigkeit der Welle mit den Losrädern.

Der Abstand der beiden Wellen, der sogenannte Achsabstand, ist eine der wichtigen Größen, die das Getriebe definieren: Je größer der Achsabstand, desto größere Übersetzungsverhältnisse lassen sich darstellen und desto größere Drehmomente lassen sich übertragen. Folglich ist der Achsabstand bei Getrieben für schwere Lastkraftwagen größer als der Achsabstand bei Getrieben für mittelschwere Lastkraftwagen und dieser wiederum größer als der Achsabstand von Transporter- oder Pkw-Getrieben. Mit steigendem Achsabstand steigt natürlich auch der Durchmesser der Zahnräder und damit das Gewicht. In Abb. 3.2 ist der Achsabstand im unteren Teilbild eingezeichnet.

Die einfachste Getriebebauform ist das einstufige Getriebe: Hier sitzt ein Zahnrad jedes Räderpaares auf der Eingangswelle oder Antriebswelle und das andere Zahnrad des Räderpaares sitzt auf der Ausgangs- oder Abtriebswelle. Die nächstkomplexere Bauform ist das Getriebe mit Vorgelegewelle: Von der Antriebswelle wird die Kraft auf die sogenannte Vorgelegewelle übertragen und von dort wieder auf die Ausgangswelle. Abb. 3.2 zeigt das Prinzip eines einstufigen und eines zweistufigen Getriebes. In jeder Verzahnung findet eine Übersetzung statt, daher erlauben zweistufige Getriebe eine größere Gesamtübersetzung zwischen Getriebeeingang und Getriebeausgang als einstufige Getriebe. Des Weiteren erlaubt die zweistufige Bauart eine einfache und effiziente Realisierung einer sogenannten Splitgruppe (siehe unten). Das Hauptgetriebe eines Nutzfahrzeugs ist im Allgemeinen ein zweistufiges Getriebe mit Vorgelegewelle. Der Nachteil an mehrstufigen Übersetzungen besteht darin, dass jede Verzahnung über die der Kraftfluss im Getriebe fließt, Verluste erzeugt, so dass es ratsam ist, möglichst wenige Übersetzungsstufen im Getriebe zu haben; dies ist ja auch der Vorteil des Direktganges (siehe weiter unten).

3.1.1 Innere Schaltung

Losrad und Welle zu verbinden und wieder zu lösen ist die Aufgabe der „inneren" Schaltung. Diese besteht beim Hauptgetriebe im Wesentlichen aus Schaltstange, Schiebemuffe und beim synchronisierten Getriebe zusätzlich aus dem Synchronpaket. Die Verbindung des Losrades mit seiner Welle ist die Aufgabe der Schiebemuffe. Diese ist mit der Welle verzahnt und dreht sich daher immer mit der Welle mit. Die Schiebemuffe wird während des Schaltvorgangs auf der Welle axial verschoben. Sie greift dabei in eine seitliche

3.1 Hauptgetriebe

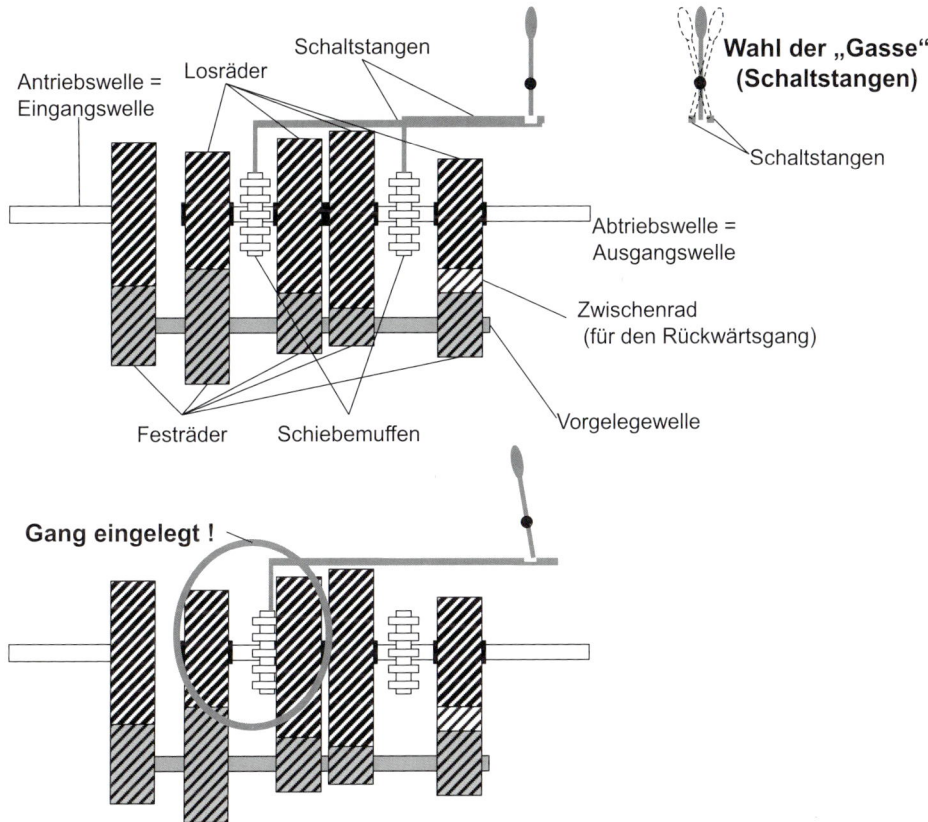

Abb. 3.3 Einlegen eines Ganges: Die Festräder sind fest mit der Welle verbunden, die Losräder sind zunächst frei drehbar auf der Welle gelagert. Die Schiebemuffe verbindet EIN Losrad mit der Welle, und erlaubt es so, einzelne Gänge einzulegen

Kontur des Losrades hinein. Damit wird das Losrad mechanisch drehfest mit der Welle verbunden und nimmt dadurch die gleiche Winkelgeschwindigkeit wie die Welle an. Dieser Vorgang des Verschiebens der Schiebemuffe ist das „Schalten". Die Abb. 3.3 illustriert das Prinzip der Schaltung mit Schiebemuffe[1]. In der hier gezeigten Illustration sitzen alle Losräder auf der Ausgangswelle. Die Losräder und die Schaltung können aber ebensogut auf der Vorgelegewelle realisiert sein.

Die Schiebemuffen, die jeweils die Losräder mit der Welle verbinden, werden im Getriebe durch die Schaltstangen bewegt. Eine Schaltstange bewegt genau eine Schiebemuffe. Mit einer Schiebemuffe kann man zwei Gänge schalten, wenn wie in Abb. 3.3

---

[1] Es gibt auch andere Prinzipien, wie verschiebbare Zahnräder. Die hier erläuterte Schaltung mit Schiebemuffe wird in modernen Nutzfahrzeuggetrieben verwendet. Für exotische oder historische Lösungen sei auf die Spezialliteratur zum Getriebe verwiesen [1].

gezeigt, zwei Losräder nebeneinander mit einer Schiebemuffe erreicht werden. Das Einlegen eines Ganges beim handgeschalteten Getriebe besteht daher aus zwei Bewegungen: zum einen wählt man (in der Regel über eine Seitwärtsbewegung) die Schaltstange an, die bewegt werden soll und über eine zweite Bewegung werden Schaltstange und Schiebemuffe bewegt.

Um das Losrad durch die Schiebemuffe mit der Trägerwelle zu verbinden, ist es erforderlich die Drehzahl von Losrad und Welle anzugleichen. Dieser Drehzahlangleich kann durch verschiedene Mechanismen erfolgen. Man unterscheidet daher Synchrongetriebe und nicht-synchronisierte Getriebe. Der Gangwechsel im Stirnradgetriebe kann nur erfolgen, wenn der Kraftfluss über die Verzahnung unterbrochen ist. Aus diesem Grunde wird während des Schaltvorgangs die Kupplung geöffnet. Während dieser Kraftflussunterbrechung verändert sich die Fahrzeuggeschwindigkeit: Sie nimmt im Gefälle zu oder in der Steigung ab, unabhängig von der Motordrehzahl. Um diesen Effekt zu reduzieren, ist es erstrebenswert die Kraftflussunterbrechung so kurz wie möglich zu halten und sehr schnelle Schaltzeiten zu realisieren.

3.1.1.1 Synchronisierte Schaltung

Um den Drehzahlangleich zwischen Trägerwelle mit Schiebemuffe und dem Losrad zu erzielen, werden sogenannte „synchronisierte" Getriebe mit einer Synchronisierung ausgestattet. Grob gesprochen handelt es sich um einen ringförmigen Reibkörper, der sich zwischen Schiebemuffe und Losrad befindet. Dieser beschleunigt oder bremst das Losrad auf die erforderliche Geschwindigkeit, damit die Schiebemuffe seitlich in das Losrad eingreifen kann. Die Verwendung einer Synchronisierung (gerne auch Synchro-Paket genannt) bedeutet, dass man zusätzliche Teile im Getriebe braucht, die hohe Ansprüche an Material und Bearbeitungsgüte stellen.

3.1.1.2 Unsynchronisierte Schaltung

Das unsynchronisierte Getriebe oder Klauengetriebe verzichtet auf die Bauteile zur Synchronisierung. Beim unsynchronisierten Getriebe erfolgt die Angleichung der Drehzahl auf anderem Wege:

Synchronisierung durch den Fahrer bei Handschaltung ohne Synchro-Bauteile im Getriebe

Beim handgeschalteten Getriebe muss der Fahrer bei der Rückschaltung zunächst in neutral schalten, und dann bei geschlossener Kupplung durch einen Gasstoß Vorgelegewelle und Losrad auf die (ungefähr) richtige Drehzahl beschleunigen, so dass das Losrad eine zur Abtriebswelle passende Drehzahl aufweist. Dann lässt sich das Losrad mit der Abtriebswelle über die Schiebemuffe verbinden. Die Drehzahl der Abtriebswelle definiert sich durch die Drehzahl der Räder bei rollendem Fahrzeug.

Das automatisierte unsynchronisierte Klauengetriebe
Beim heutigen Stand der Technik, dem automatisierten Klauengetriebe, wird der gesamte Schaltvorgang automatisiert durchgeführt. Die komplexe und viel Übung erfordernde manuelle Synchronisierung wird automatisch über eine Elektronik geregelt durchgeführt. Automatisierte Klauengetriebe verfügen eventuell noch über eine Vorgelegewellenbremse, um die Drehzahl der Vorgelegewelle gezielt herabzusetzen und so schnellere Schaltvorgänge zu ermöglichen. [7] beschreibt ein unsynchronisiertes automatisiertes Klauengetriebe und erläutert den Ablauf der Schaltvorgänge beim Hinauf- und Herunterschalten.

Vorteile des Klauengetriebes
Das Klauengetriebe hat gegenüber dem synchronisierten Getriebe einige Vorteile: man spart sich die Synchronteile, die bei modernen und gut synchronisierten Getrieben, teuer und komplex sind. Des Weiteren erlaubt der Entfall der Synchronteile es, die Zahnräder im gleichen Getriebegehäuse breiter zu machen. Damit kann ein Klauengetriebe bei gleichem Bauraum für höhere Drehmomente ausgelegt werden. Im Zuge der immer kraftvoller werdenden Motoren ein sehr willkommener Effekt.

3.1.2 Rückwärtsgang

Das Getriebe hat auch die Aufgabe, dafür zu sorgen, dass die Räder in beide Drehrichtungen angetrieben werden können, obschon sich der Verbrennungsmotor immer in die gleiche Richtung dreht. Diese Drehrichtungsumkehr erfolgt im Hauptgetriebe, indem eine Verzahnung zwischen Hauptwelle und Vorgelegewelle mit einem zusätzlichen Zwischenrad ausgelegt wird. Dieses Zwischenrad verursacht eine andere Drehrichtung an der Ausgangswelle, wie bei den anderen Gängen. Der Rückwärtsgang mit Zwischenrad ist in Abb. 3.3 und 3.4 dargestellt.

3.1.3 Räderschema

Um das Verständnis und die Diskussion über ein Getriebe zu vereinfachen, wird häufig das sogenannte Räderschema oder Getriebeschema verwendet. Zahnräder, Wellen und andere funktionswichtige Komponenten des Getriebes werden durch Strichzeichnungen dargestellt. Das einfache Getriebe aus Abb. 3.3 wird in der Abb. 3.4 als Räderschema wiedergegeben.

Erweitert man das Räderschema um die Zähnezahlen der einzelnen Zahnräder, so sind auch die verschiedenen Übersetzungsstufen ersichtlich.

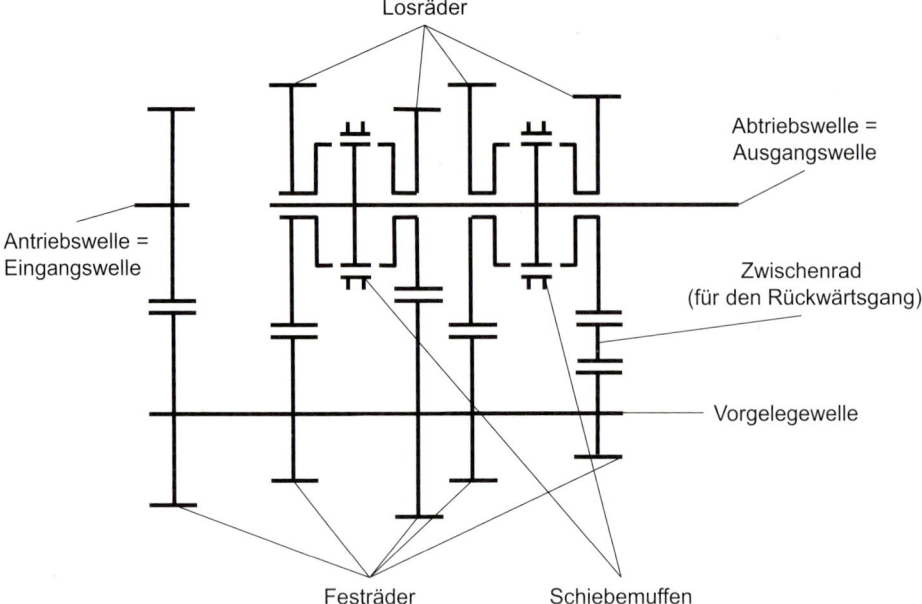

Abb. 3.4 Darstellung eines einfachen Getriebes im Räder- oder Getriebeschema. Es handelt sich um ein zweistufiges Getriebe mit drei Vorwärtsgängen und einem Rückwärtsgang

3.1.4 Bauformen des Stirnradgetriebes

Die gängige Form des Stirnradgetriebes ist das Zweiwellengetriebe wie in Abb. 3.3 schematisch vorgestellt oder das sogenannte Dreiwellengetriebe mit zwei Vorgelegewellen.

Die Lage der Wellen zueinander ist ein Unterscheidungsmerkmal verschiedener Getrieberealisierungen – siehe Abb. 3.5. Liegen Ausgangswelle und Vorgelegewelle nebeneinander, so spricht man von einer „liegenden" Anordnung, liegen sie übereinander, so nennt man das „stehend". Eine dritte Variante ordnet die Wellen versetzt zueinander an.

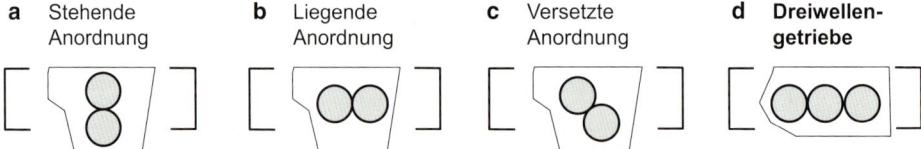

Abb. 3.5 Verschiedene Anordnungen der Wellen zueinander im Getriebe. **a** bis **c** zeigen Zweiwellengetriebe während **d** das Dreiwellengetriebe illustriert

Beim Dreiwellengetriebe (siehe beispielsweise [12]) treibt die Eingangswelle zwei Vorgelegewellen an und diese beiden Vorgelegewellen treiben wiederum eine Ausgangswelle an. Diese Bauform hat den Vorteil, dass die Kraft immer an zwei Verzahnungen gleichzeitig angreift. Damit kann man entweder die Zahnbreiten gegenüber einem Zweiwellengetriebe verringern oder bei konstanter Zahnbreite größere Drehmomente übertragen. Sinnvollerweise liegen alle Wellen in einer Ebene, so dass die Hauptwelle symmetrisch belastet wird. Insbesondere das Problem der Wellenbiegung wird bei dieser Bauform elegant umgangen. Das Getriebe baut aber relativ breit.

3.1.5 Übersetzung

Die Übersetzung der verschiedenen Gänge ergibt sich direkt aus den Zähnezahlen der Zahnräder, über die der Kraftfluss verläuft. Beim zweistufigen Getriebe nach Abb. 3.2 ergibt sich die Übersetzung des Getriebeganges folgendermaßen: Wenn z_i die Zahl der Zähne des Zahnrades auf der Eingangswelle ist, $z_{\text{Vorgelegewelle 1}}$ die Zahl der Zähne des Zahnrades der Vorgelegewelle, ist das mit der Eingangswelle im Eingriff ist, $z_{\text{Vorgelegewelle 2}}$ die Zahl der Zähne des Zahnrades der Vorgelegewelle, ist das die Ausgangswelle antreibt und z_o die Zahl der Zähne des Zahnrades auf der Ausgangswelle ist, das gerade geschaltet ist, so ergibt sich die Übersetzung des Ganges zu (vergleiche Gl. 2.7):

$$i_{\text{Gang}} = \frac{\omega_{\text{Eingangswelle}}}{\omega_{\text{Ausgangswelle}}} = \frac{z_{\text{Vorgelegewelle 1}}}{z_i} \cdot \frac{z_o}{z_{\text{Vorgelegewelle 2}}} \quad (3.1)$$

In Abb. 3.6 sind die Übersetzungen für ein Hauptgetriebe anhand der Zähnezahlen exemplarisch dargestellt.

In diesem Beispiel haben alle Gänge, bis auf den höchsten Gang, eine Übersetzung, die größer als 1 ist. Das heißt, dass die Eingangswelle immer schneller dreht als die Ausgangswelle des Getriebes. Insbesondere ältere Getriebe haben auch Gangstufen, bei denen die Drehzahl ins Schnellere übersetzt wird: Die Ausgangswelle dreht schneller als die Eingangswelle. Man redet dann von sogenannten Schnellganggetrieben oder Overdrive-Getrieben.

Der höchste Gang hat in unserem Beispiel genau die Übersetzung 1. Im Streben um möglichst große Kraftstoffeffizienz bemüht man sich, den höchsten Gang (in dem im Fernverkehr am häufigsten gefahren wird) als Direktgang auszulegen. Jede Verzahnung, die im Kraftfluss steht, erfährt eine deutlich höhere Reibung als Verzahnungen, die lastfrei „mitdrehen" (zur Erinnerung: alle Zahnradpaare im Getriebe kämmen permanent ineinander). Der Direktgang ist nun ein Gang bei dem Eingangswelle und Ausgangswelle direkt mechanisch miteinander verbunden werden. Diese Möglichkeit hat man nur beim zweistufigen Getriebe, wenn Eingangswelle und Ausgangswelle auf einer Linie liegen. Das Prinzip des Direktgangs ist in Abb. 3.7 veranschaulicht.

	Erste Stufe	Zweite Stufe			Drehrichtungsumkehr	Gesamtübersetzung des Hauptgetriebes		
						Verhältnis ω(engine) / ω(propshaft)	Gang	Stufensprung i(n) / i(n+1)
Zähne Eingangswelle (Zi)	29							
Zähne Vorgelegewelle (Zv)	34	27	21	16	16			
Zwischenrad (Rückwärts)					21			
Zähne Hauptwelle (Zo)		34	39	44	40			
Verhältnis ω(engine) / ω(vorgelegewelle) = Zv/Zi	1,172							
Verhältnis ω(Vorgelegewelle) / ω(Hauptwelle) = Zo/Zv		1,259	1,857	2,750	2,500			
	1,172			2,750		3,224	A	1,48
	1,172		1,857			2,177	B	1,47
	1,172	1,259				1,476	C	1,48
	Direktgang					1,000	D	
	1,172				2,500	2,931	R	

Abb. 3.6 Herleitung der Übersetzungsstufen aus den Zähnezahlen eines Stirnradgetriebes mit 4 Vorwärtsgängen und einem Rückwärtsgang. Es handelt sich um ein zweistufiges Getriebe. Im oberen Teil der Tabelle sind die Zähnezahlen der Zahnräder aufgeführt. Unten sind die Übersetzungen gezeigt, die sich daraus ergeben. Der höchste Gang des Getriebes ist ein Direktgang. Die Gänge sind hier nicht numeriert, da ein solches Hauptgetriebe mit äquidistantem Stufensprung eher ein Teilgetriebe eines Gruppengetriebes darstellt. Als solches ist das dargestellte Hauptgetriebe in Abb. 3.12 in ein Gruppengetriebe mit Splitgruppe und Rangegruppe eingefügt

Abb. 3.7 Prinzip des Direktgangs: Eingangswelle und Ausgangswelle werden direkt verbunden. Der Kraftfluss erfolgt nicht über Verzahnungen und ist damit besonders effizient. Die technische Realisierung, wie Eingangs- und Ausgangswelle verbunden werden können, ist in Abb. 3.8 ersichtlich

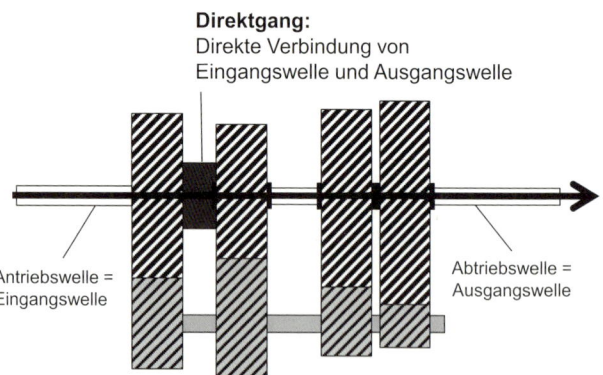

Direktgang: Direkte Verbindung von Eingangswelle und Ausgangswelle

Antriebswelle = Eingangswelle

Abtriebswelle = Ausgangswelle

Der Stufensprung

Abb. 2.3 zeigt eindruckvoll, dass die Abstufung der Gänge wichtig ist, für die Fahrbarkeit des Fahrzeugs. Das Verhältnis der Übersetzung zweier benachbarter Gänge ist der sogenannte Stufensprung ϕ:

$$\phi = \frac{i_{n+1}}{i_n} \tag{3.2}$$

Je kleiner der Stufensprung, desto enger liegen die Übersetzungen der einzelnen Gänge beieinander.

3.1.6 Verluste im Getriebe

Das Getriebe verursacht durch die allgegenwärtige Reibung naturgemäß Verluste. Diese versucht man so gering wie möglich zu halten, um kraftstoffeffizient zu fahren. Man unterscheidet zwischen Verlusten, die mit der übertragenen Last ansteigen, sogenannten lastabhängigen Verlusten und lastunabhängigen Verlusten, die immer gleich auftreten. Reibung und damit Verluste treten an verschiedenen Stellen im Getriebe auf, so dass man zwischen Verzahnungsverlusten, Lagerreibung, Dichtungsreibung, Ölplanschverlusten und Verlusten durch den Antrieb der Ölpumpe unterscheiden kann. Tab. 3.1 führt die Verlustarten auf.

Die Verzahnungsverluste resultieren daraus, dass die Zahnräder mit Reibung aufeinander abrollen. Der im vorhergehenden Abschnitt angesprochene Direktgang ist ein wirksames Mittel die Verzahnungsverluste zu reduzieren. Aber auch im direkten Gang drehen alle Zahnräder ineinander und verursachen so – wenn auch kleine – Verzahnungsverluste.

Lagerreibung und Dichtungsreibung ergeben sich daraus, dass die Wellen in den Lagern, in denen sie gelagert sind, Reibung erfahren. Ebenso reiben die Dichtungen, die an der Eingangswelle und der Ausgangswelle des Getriebes erforderlich sind.

Drehende Wellen und Zahnräder treffen auf den Ölnebel, der sich im Getriebe bildet und die untenliegenden Zahnräder drehen sich eventuell auch durch den Ölsumpf, der am Boden des Getriebes liegt. Dieses Ölplanschen ist zum einen durchaus hilfreich, sorgt es doch dafür, dass sich das Öl im gesamten Getriebe verteilt, ist aber zum anderen mit Verlusten verbunden.

Tab. 3.1 Verluste im Getriebe

	Verzahnung	Lagerreibung	Dichtungsreibung	Ölplanschverluste	Antrieb Ölpumpe
Lastunabhängig	X	X	X	X	X
Lastabhängig	X	X			

Um das Öl im Getriebe an alle wichtigen Stellen zu verteilen, verfügen Getriebe über eine Ölpumpe. Diese kann zum Beispiel am Ende der Vorgelegewelle sitzen. Die Leistungsaufnahme dieser Pumpe trägt zur Verlustleistung des Getriebes bei.

Die Verluste im Getriebe sind alle letztlich Reibungsphänomene. Folglich wird mechanische Arbeit in Wärme umgesetzt. Diese Wärmeleistung erwärmt das Getriebe. Eine moderate Erwärmung des Getriebes und des Getriebeöls ist willkommen, da es die Viskosität des Öls verbessert und damit die Reibung reduziert. Wird das Getriebe zu warm, so altert das Getriebeöl allerdings vorschnell. Daher verfügen stark belastete Getriebe über einen Getriebeölkühler. Über diesen wird das Getriebeöl gekühlt und die Verlustleistung an die Umgebungsluft abgegeben. Getriebe ohne separaten Getriebeölkühler geben die Wärme über das Gehäuse nach außen ab.

3.2 Splitgruppe

Die sogenannte „Splitgruppe" hat die Aufgabe, Zwischengänge zwischen den Übersetzungsstufen des Hauptgetriebes darzustellen[2]. Man spricht daher umgangssprachlich auch manchmal von „halben Gängen". Die feine Stufung der Gänge durch die Splitgruppe wird insbesondere bei schwerer Beladung des Fahrzeugs oder in der Steigung genutzt: die Übersetzung des Getriebes kann noch optimaler zur jeweiligen Fahrsituation gewählt werden. Der Stufensprung, den die Splitgruppe darstellt, entspricht in der Regel dem halben Stufensprung des Hauptgetriebes. Eine Möglichkeit, die Splitfunktionalität darzustellen, ist im Räderschema der Abb. 3.8 erläutert: Das Prinzip ist, dass die Vorgelegewelle mit zwei verschiedenen Verzahnungen angetrieben werden kann. Die Verzahnung, die von der Eingangswelle die Vorgelegewelle antreibt, wird auch Konstante genannt. Die Splitfunktionalität wird hier realisiert, indem es zwei Konstanten gibt. Je nachdem, ob die Vorgelegewelle von Konstante a) oder Konstante b) angetrieben wird, ergeben sich unterschiedliche Übersetzungen.

Im Direktgang werden beide Konstanten überbrückt – Abb. 3.8d. In Abb. 3.8c ist gezeigt, wie die beiden Konstanten genutzt werden, um einen Gang des Hauptgetriebes darzustellen. Die Splitfunktionalität ist in dieser Bauform ins Hauptgetriebe integriert. Eine klare Grenze zwischen Splitgetriebe und Hauptgetriebe lässt sich bei dieser eleganten Lösung nicht ziehen.

---

[2] split (engl.) = aufteilen.

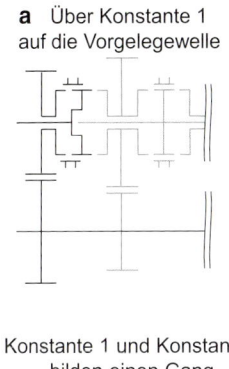
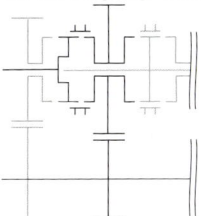
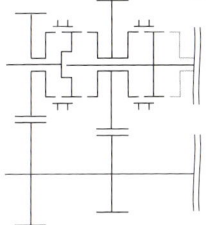
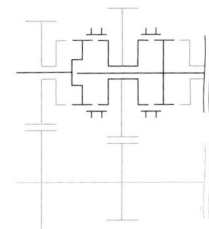

Abb. 3.8 Das Räderschema der Splitgruppe. Es sind die vier Varianten gezeigt, wie die Splitgruppe geschaltet sein kann

3.3 Planetengetriebe

Die Grundform eines Planetengetriebes besteht aus einem Sonnenrad, einem Steg mit Planetenrädern und dem Hohlrad. Das Sonnenrad steht in der Mitte des Getriebes. Sonne, Steg und Hohlrad sind koaxial angeordnet. Der Steg (oder Planetenträger) trägt Planetenräder, die sich um die Sonne drehen und auf der Sonne abrollen. Üblich sind drei bis fünf Planetenräder. Bei einer höheren Zahl von Planetenrädern verteilt sich die Belastung auf mehrere Räder, so dass drei Plantenräder eher bei leichteren Getrieben anzutreffen sind. Die Planeten werden von einem Hohlrad umgeben, dessen Innenverzahnung mit den Planetenrädern kämmt.

In Abb. 3.9 ist die einfachste Form eines Planetengetriebes skizziert.

Planetenräder bauen sehr kompakt und können hohe Drehmomente übertragen, da immer mehrere Zahnräder gleichzeitig im Eingriff sind.

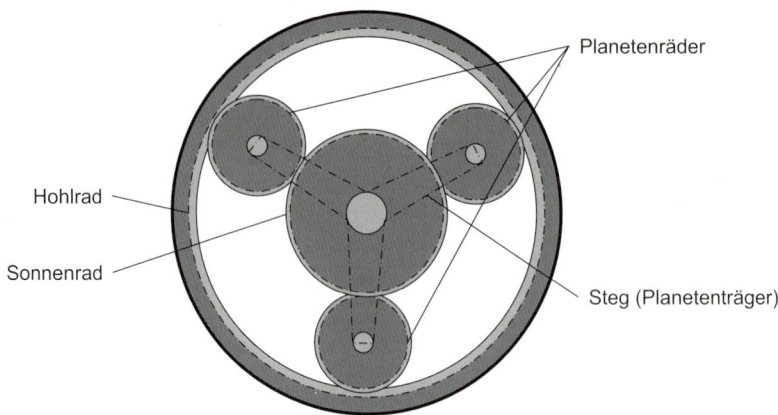

Abb. 3.9 Der Planetensatz besteht aus der Sonne, dem Hohlrad und dem Steg mit den Planetenrädern

Wenn z für die Zähnezahl der verschiedenen Zahnräder steht, so lautet die Grundgleichung des einfachen Planetengetriebes (die sogenannte Willis-Gleichung):

$$\omega_{\text{Sonne}} + \frac{z_{\text{Hohlrad}}}{z_{\text{Sonne}}} \cdot \omega_{\text{Hohlrad}} - \left[1 + \frac{z_{\text{Hohlrad}}}{z_{\text{Sonne}}}\right] \cdot \omega_{\text{Steg}} = 0 \qquad (3.3)$$

Abb. 3.10 erklärt die Herleitung der Gl. 3.3. Wenn sich die Sonne dreht, der Steg aber mit einer anderen Geschwindigkeit rotiert, so resultiert die Relativgeschwindigkeit zwischen Sonne und Steg in einer Abrollbewegung des Planeten. Dreht sich der Steg langsamer als die Sonne, so werden die Planeten entgegengesetzte Drehrichtungen haben wie die Sonne. Die Abrollbewegung wird durch die Zahl der Zähne von Planetenrad und Sonnenrad vorgegeben. Es gilt:

$$(\omega_{\text{Sonne}} - \omega_{\text{Steg}}) \cdot z_{\text{Sonne}} = -\omega_{\text{Planet}} \cdot z_{\text{Planet}} \qquad (3.4)$$

Die Vorzeichen berücksichtigen die Drehrichtungen: Wenn der Steg sich langsamer als die Sonne in der gleichen Drehrichtung bewegt, dreht sich der Planet in entgegengesetzter Drehrichtung zur Sonne – das ist der Fall, der in Abb. 3.10a eingezeichnet ist. In Abb. 3.10b sind die Verhältnisse zwischen Planetenrädern und Hohlrad aufgezeigt: Eine Differenz der Drehgeschwindigkeit zwischen Steg und Hohlrad führt auch hier zu einer Drehung der Planetenräder um die eigene Achse: Es ergibt sich die Gleichung

$$(\omega_{\text{Hohlrad}} - \omega_{\text{Steg}}) \cdot z_{\text{Hohlrad}} = -\omega_{\text{Planet}} \cdot z_{\text{Planet}} \qquad (3.5)$$

3.3 Planetengetriebe

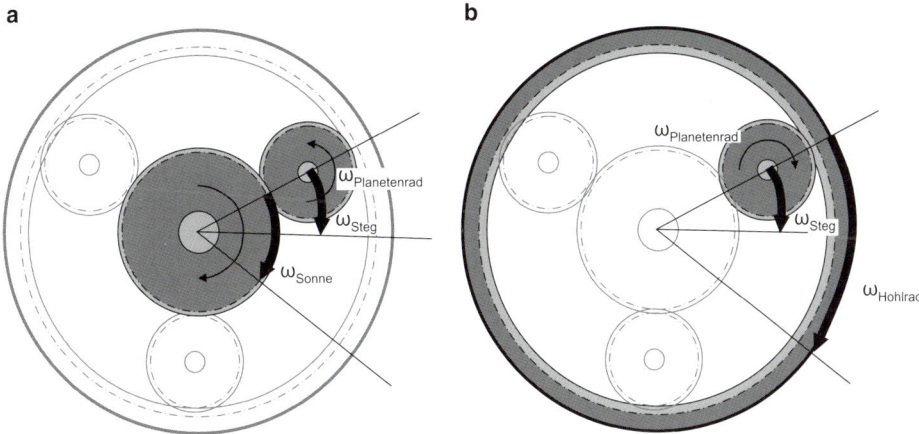

Abb. 3.10 Illustration zu Gl. 3.4 und 3.5

Setzt man Gl. 3.4 und 3.5 gleich, so erhält man nach einfacher Umformung die Grundgleichung des Planetengetriebes: Gl. 3.3.

Setzt man in dieser Gleichung zwei Winkelgeschwindigkeiten gleich, so findet man, dass auch die dritte Winkelgeschwindigkeit den gleichen Wert annimmt. Technisch heißt das: Verbindet man zwei Elemente des Planetensatzes miteinander, so läuft der ganze Planetensatz als Block um.

Wählt man eines der Elemente des Planetensatzes als Gestell, das heißt, es rotiert nicht ($\omega = 0$), so ergeben sich für die Drehzahlen der beiden anderen Elemente die Übersetzungsverhältnisse aus Tab. 3.2. Die Zähnezahl der Planetenräder kommt in der Tabelle nicht vor – sie ist für die Übersetzung unerheblich. Sie ist so zu wählen, dass die Zahngeometrie zu Hohlrad und Sonne passt.

Tab. 3.2 Übersetzungsverhältnisse beim einfachen Planetengetriebe, wenn eines der Elemente festgehalten wird („Gestell")

	Eingang	Ausgang	Gestell (fest)	Übersetzung $\frac{\omega_{\text{Eingang}}}{\omega_{\text{Ausgang}}}$	Bemerkung
a)	Sonne	Steg	Hohlrad	$i = 1 + \frac{z_{\text{Hohlrad}}}{z_{\text{Sonne}}}$	
b)	Sonne	Hohlrad	Steg	$i = -\frac{z_{\text{Hohlrad}}}{z_{\text{Sonne}}}$	
c)	Steg	Sonne	Hohlrad	$i = \frac{1}{1 + \frac{z_{\text{Hohlrad}}}{z_{\text{Sonne}}}}$	Umkehrung von a)
d)	Steg	Hohlrad	Sonne	$i = \frac{1}{1 + \frac{z_{\text{Sonne}}}{z_{\text{Hohlrad}}}}$	
e)	Hohlrad	Sonne	Steg	$i = -\frac{z_{\text{Sonne}}}{z_{\text{Hohlrad}}}$	Umkehrung von b)
f)	Hohlrad	Steg	Sonne	$i = 1 + \frac{z_{\text{Sonne}}}{z_{\text{Hohlrad}}}$	Umkehrung von d)

3.4 Bereichsgruppe

Die Bereichsgruppe oder Rangegruppe[3] hat die Aufgabe, die Spreizung des Getriebes zu erhöhen. Dazu ist ein Teilgetriebe erforderlich, das einen sehr hohen Stufensprung anbietet. Damit sich eine sinnvolle Abstufung der Getriebegänge ergibt, muss die Bereichsgruppe einen Stufensprung aufweisen, der der Spreizung des Hauptgetriebes plus einem Stufensprung des Hauptgetriebes entspricht – siehe Abschn. 3.5.

Eine häufige Realisierung der Bereichsgruppe besteht in einem Planetengetriebe: Die Sonne ist der Eingang, der sich an das Hauptgetriebe anschließt und der Steg ist der Ausgang, der die Getriebeausgangsdrehzahl aufweist und die Gelenkwelle antreibt. Verbindet man beispielsweise Steg und Hohlrad, so läuft der Planetensatz als Block um, und trägt nicht zur Übersetzung bei, man erhält die Übersetzung 1. Wird das Hohlrad festgehalten (mit dem Getriebegehäuse verbunden), so erhält man nach Tab. 3.2 a) eine Übersetzung, die sich aus der Zähnezahl von Hohlrad und Sonne ergibt:

$$i_{\text{Planet}} = 1 + \frac{z_{\text{Hohlrad}}}{z_{\text{Sonne}}} \qquad (3.6)$$

Da das Hohlrad erheblich mehr Zähne als die Sonne aufweist, ergibt sich eine große Übersetzung. Abb. 3.12 gibt zum Beispiel 85 Zähne für das Hohlrad an und führt 25 Zähne für die Sonne auf. Damit ergibt sich eine Übersetzung von 4,4.

Die Bereichsgruppe muss aber nicht zwingend ein Planetengetriebe sein. Sie kann auch als klassisches Stirnradgetriebe in Vorgelegebauweise wie das Hauptgetriebe ausgeführt sein.

3.5 Gruppengetriebe

Bei leichten Lastkraftwagen ist häufig ein Eingruppengetriebe ausreichend, welches nur aus dem Hauptgetriebe besteht. Mit dieser Getriebebauform sind in der Regel bis zu sechs Gänge realisiert (wie beim handgeschalteten Personenkraftwagen). Beim Eingruppengetriebe wird eine sogenannte progressive Abstufung der Gänge angestrebt: das heißt zu höheren Gängen hin wird der Stufensprung immer kleiner.

Bei mehr als sechs Gängen greift man zum Gruppengetriebe. Dabei werden zwei oder drei Getriebe(gruppen) hintereinander geschaltet. Der Vorteil dieser Bauform besteht darin, dass sich die Zahl der Gänge multiplikativ aus der Zahl der Übersetzungsstufen der einzelnen Teilgetriebe ergibt. In Europa hat sich das Drei-Gruppengetriebe mit Splitgruppe (zwei Übersetzungsstufen), Hauptgetriebe (mit drei oder vier Gängen) und die

---

[3] range (engl.) = Bereich.

3.5 Gruppengetriebe

Bereichsgruppe (zwei Übersetzungsstufen) durchgesetzt. Damit erhält man zwölf oder sechzehn Gänge.

Diese Gruppengetriebe werden in der Regel in geometrischer Abstufung ausgeführt – im Gegensatz zur progressiven Abstufung des Eingruppengetriebes. Bei der geometrischen Abstufung sind die Stufensprünge zwischen zwei benachbarten Gängen immer gleich groß. Die geometrische Abstufung erleichtert die Kombination von drei Teilgetrieben zu einem Gruppengetriebe. Viele Gruppengetriebe sind so aufgebaut, dass die Splitgruppe den halben Stufensprung des Hauptgetriebes darstellt. Die Range liefert einen großen Stufensprung, der der Spreizung des Hauptgetriebes plus einem Gangsprung entspricht. Bei streng geometrischer Stufung ergibt sich der Stufensprung ϕ zwischen zwei benachbarten Gängen aus der Gesamtspreizung i_{Gesamt} eines Getriebes mit z Gängen zu:

$$\phi = \sqrt[z-1]{i_{Gesamt}} \tag{3.7}$$

$$i_{Gesamt} = \phi^{z-1} \tag{3.8}$$

Abb. 3.11 zeigt das Verhältnis von Motordrehzahl zu Fahrzeuggeschwindigkeit für ein geometrisch abgestuftes 12-Gang-Gruppengetriebe.

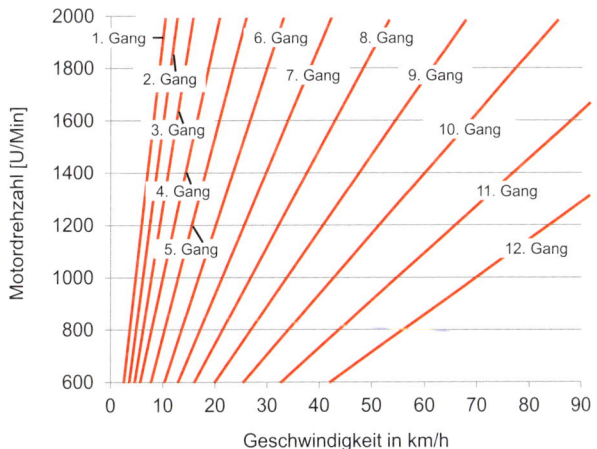

Abb. 3.11 Darstellung des Verlaufs der Motordrehzahl über der Geschwindigkeit für jeden Gang eines 12-Ganggetriebes. Es ist ein Direktganggetriebe mit 12 Gängen und einer Spreizung von circa 15 dargestellt. Eine Achsübersetzung von $i_{Achse} = 2{,}62$ ist unterstellt und ein Radhalbmesser von $r_{dyn} = 0{,}53$ m angenommen. Die höchsten Gänge sind so ausgelegt, dass bei Nenndrehzahl die theoretische Geschwindigkeit des Fahrzeugs weit über 90 km/h liegt

Abb. 3.12 zeigt beispielhaft die Übersetzungen (und die Zähnezahlen) eines 16-Gang-Dreigruppengetriebes mit einer Splitgruppe, einem Planetensatz als Range und vier Gängen im Hauptgetriebe. Durch die Hintereinanderreihung der einzelnen Subgetriebe zum Gruppengetriebe, erhält man auch eine Vervielfältigung des Rückwärtsgangs. Die Drehrichtungsumkehr im Hauptgetriebe (siehe Abschn. 3.1.2) kann mit den zwei Übersetzungsstufen der Splitgruppe kombiniert werden, so dass man zwei Rückwärtsgänge erhält. Im Prinzip ließen sich auch beide Übersetzungen der Range-Gruppe nutzen, und man hätte insgesamt 4 Rückwärtsgänge. Zwei davon würden allerdings zu recht hohen Fahrzeuggeschwindigkeiten führen, so dass die „schnelle" Übersetzung der Range-Gruppe für die Rückwärtsfahrt in der Regel nicht genutzt wird.

	Splitgruppe		Hauptgetriebe				Range		Gesamtgetriebe		
	Konstante 1	Konstante 2				Rückwärtsgang					
Zähne Eingangswelle (Zi)	27	29						Zähne Hohlrad			
Zähne Vorgelegewelle (Zv)	38	34	27	21	16	16	85	Zähne Planet	Verhältnis ω(engine) / ω(propshaft)	Gang	Stufensprung i(n) / i(n+1)
Zwischenrad (Rückwärts)						21	28	Zähne Sonne			
Zähne Hauptwelle (Zo)			34	39	44	40	25				
Verhältnis ω(engine) / ω(vorgelegewelle) = Zv/Zi	1,407	1,172									
Verhältnis ω(Vorgelegewelle) / ω(Hauptwelle) = Zo/Zv			1,259	1,857	2,750	2,500	4,400	Übersetzung Planetensatz			
	1,407				2,750		4,400		17,030	1	1,20
		1,172			2,750		4,400		14,186	2	1,23
	1,407			1,857			4,400		11,501	3	1,20
		1,172		1,857			4,400		9,580	4	1,23
	1,407		1,259				4,400		7,798	5	1,20
		1,172	1,259				4,400		6,496	6	1,23
K1 – K2	1,407	0,853					4,400		5,282	7	1,20
	Direktgang						4,400		4,400	8	1,14
	1,407				2,750				3,870	9	1,20
		1,172			2,750				3,224	10	1,23
	1,407			1,857					2,614	11	1,20
		1,172		1,857					2,177	12	1,23
	1,407		1,259						1,772	13	1,20
		1,172	1,259						1,476	14	1,23
K1 – K2	1,407	0,853							1,200	15	1,20
	Direktgang								1,000	16	
	1,407					2,500	4,400		15,481	R	
		1,172				2,500	4,400		12,897	R	

Abb. 3.12 Herleitung der Übersetzungsstufen aus den Zähnezahlen eines Gruppengetriebes mit 16 Gängen. Im oberen Teil der Tabelle sind die Zähnezahlen der Zahnräder aufgeführt, die zu der jeweiligen Übersetzungsstufe gehören. Unten sind die Übersetzungen gezeigt, die sich daraus ergeben. Der höchste Gang des Getriebes ist ein Direktgang. Im gezeigten Beispiel sind nur die Rückwärtsgänge mit langsamer Gruppe dargestellt. Die Stufensprünge gehorchen weitestgehend der geometrischen Abstufung

3.5 Gruppengetriebe

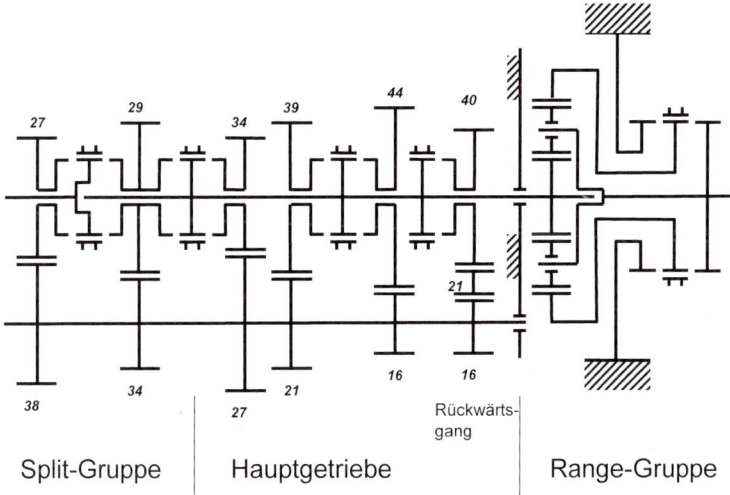

Abb. 3.13 Das Räderschema eines 16-Gang Gruppengetriebes für schwere Lastkraftwagen. Die angefügten Zähnezahlen entsprechen denen aus Abb. 3.12

Das Räderschema eines europäischen 16-Gang-Getriebes ist in Abb. 3.13 dargestellt.

Die ausgeführte Konstruktion eines solchen Getriebes zeigt die Abb. 3.14. Die Bereichsgruppe, die mit ihrem hohen Stufensprung „ins Langsame" übersetzt, wird zweckmäßigerweise ans Ende des Getriebes gelegt. Die Übersetzung ins Langsame erzeugt eine starke Erhöhung des Drehmomentes. Sitzt die Bereichsgruppe am Getriebeausgang, so werden die anderen Getriebeteile nicht mit dem erhöhten Drehmoment belastet.

Es gibt auch Bauformen des Gruppengetriebes, bei denen zwei Stirnradgetriebe hintereinander angeordnet sind. [12] zeigt beispielsweise ein Getriebe bei dem ein Hauptgetriebe mit fünf Gängen (vier Verzahnungen und der Direktgang) mit einem zweiten Stirnradgetriebe kombiniert ist, das weitere vier Schaltstellungen kennt. Diese vier Schaltstellungen beinhalten zwei nahe beieinander liegende Gänge, die eine Splitfunktionalität darstellen, eine sehr große Übersetzung, die zur Darstellung der Anfahrgänge mit hohen Übersetzungen benutzt wird und die Direktgangstellung. Damit ergeben sich rechnerisch 20 Übersetzungsstufen, die allerdings nicht alle sinnvoll nutzbar sind. Andere Zwei-Gruppengetriebe kombinieren das Hauptgetriebe mit einem zweiten Getriebe, in dem die Splitfunktionalität drei Übersetzungsstufen hat. Das Hauptgetriebe weist dann recht große Stufensprünge auf, die durch den Splitter in drei „Untergänge" aufgesplittet werden.

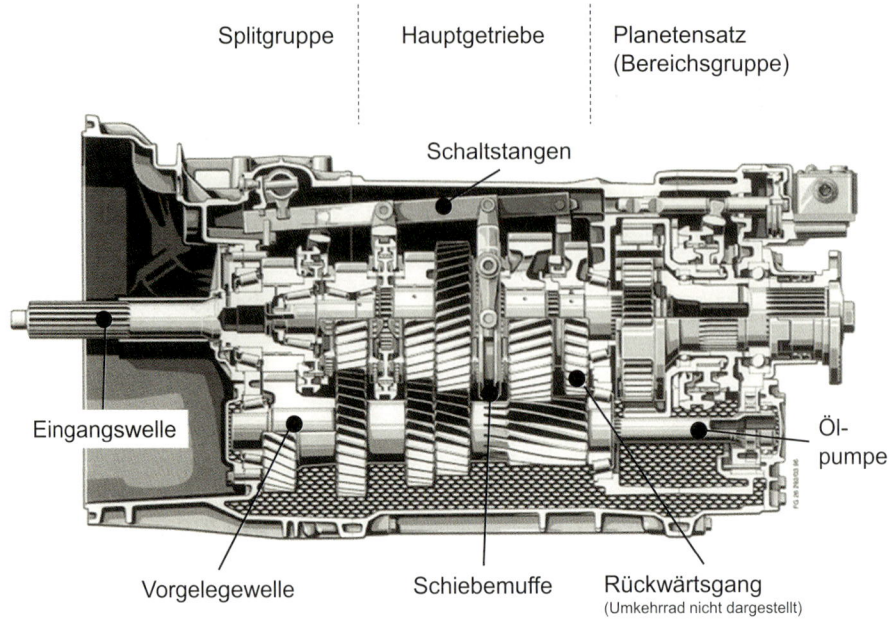

Abb. 3.14 Zeichnung eines 16-Gang-Gruppengetriebes mit Synchronization für schwere Lastkraftwagen (ältere Bauart). Darstellung: Daimler AG

Manche Getriebe verfügen über einen sogenannten Kriechgang oder Crawler[4]. Dies ist ein Gang mit sehr hoher Übersetzung.

3.6 Äußere Schaltung

Die innere Schaltung (Abschn. 3.1.1) bewerkstelligt den Gangwechsel im Getriebe. Die äußere Schaltung ist das Bedienelement mit dem der Wunsch des Gangwechsels aufgenommen und an das Getriebe – also an die innere Schaltung – übergeben wird.

Bei Fahrzeugen mit handgeschaltetem Getriebe muss der Fahrerwunsch vom Gangwahlhebel (oder Schaltknüppel), den der Fahrer bedient, an das Getriebe übermittelt werden. Dazu gibt es verschiedene Realisierungsformen: Steht der Schaltknüppel direkt über dem Getriebe und greift direkt in das Getriebe, so spricht man von einer direkten Schaltung. Sind Getriebe und Schaltknüppel räumlich getrennt – beim Frontlenkerfahrzeug ist dies der Regelfall – so wird der Schaltwunsch übertragen. Diese Übertragung kann mechanisch mittels eines Gestänges oder mit Seilzügen („Kabelschaltung") erfolgen. Auch hy-

---

[4] to crawl (engl.) = kriechen.

3.6 Äußere Schaltung

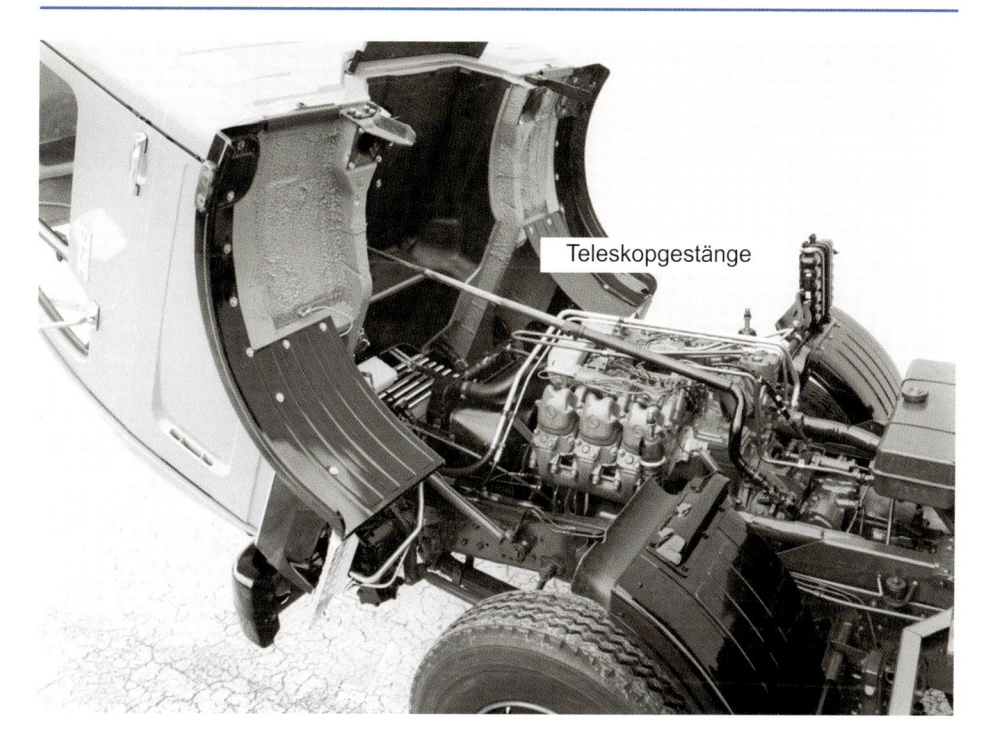

Abb. 3.15 Gekipptes Fahrerhaus bei einem Frontlenkerfahrzeug aus den 1970er Jahren. Gut erkennbar ist das teleskopierbare Gestänge der handbetätigten Gangschaltung. Bild: Daimler AG

draulische Übertragungen des Schaltwunschs sind anzutreffen: Die Bewegung des Schaltknüppels wird in Hydraulikdrücke umgesetzt, die durch Hydraulikleitungen den Schaltwunsch an die Aktuatoren am Getriebe übermitteln. Eine Herausforderung bei der Entwicklung dieser Schaltungen ist das relativ zum Getriebe bewegliche Fahrerhaus: Es federt relativ zum Rahmen ein und aus und weist einen Kippmechanismus auf. Eine Gestängeschaltung muss daher teleskopierbar sein – siehe Abb. 3.15 zur Veranschaulichung.

Beim Seilzug und bei der hydraulischen Lösung muss die Verlegung der Leitungen so erfolgen, dass die Kippbarkeit erhalten bleibt (Verlegung durch die Kippachse des Fahrerhauses). Die übertragene Kraft bei Seilzug- und Gestängeschaltungen kann gegebenenfalls am Getriebe noch verstärkt werden, indem dort beispielsweise Pneumatikzylinder Hilfsenergie zur Verfügung stellen. So kann die Schaltkraft, die der Fahrer aufbringen muss, reduziert werden und ein komfortabler und kraftsparender Schaltvorgang angeboten werden.

3.6.1 Automatisierte Getriebe

Beim automatisierten Getriebe berechnet eine Elektronik, ob ein Gangwechsel sinnvoll ist und legt fest, welcher Gang eingelegt werden soll. Die Elektronik betätigt dazu elektromagnetische Ventile, die Pneumatikzylinder be- oder entlüften, so dass die innere Schaltung des Getriebes betätigt wird. Dem Fahrer wird in der Regel im Display angezeigt, in welchem Gang sich das Fahrzeug gerade befindet.

Automatisierte mechanischen Getriebe, AMT[5], sind circa im Jahr 2000 mit Nachdruck auf dem europäischen Markt erschienen [8], und haben sich innerhalb eines Jahrzehnts im schweren Fernverkehr durchgesetzt. Der Komfort für den Fahrer steigt durch AMTs erheblich und der Kraftstoffverbrauch wird positiv beeinflusst (siehe auch [5]).

Bei einem AMT ermittelt ein Steuergerät den Anfahrgang und entscheidet auch, wenn der Gang gewechselt werden soll. Dabei wird die Geschwindigkeit, der momentane Fahrwiderstand und das Gesamtgewicht des Lastzugs berücksichtigt, um optimale Schaltstrategien festzulegen. Das Gesamtgewicht wird von einem Algorithmus abgeschätzt aus dem dynamischen Verhalten des Fahrzeugs: Der Elektronik ist bekannt, welche Motorleistung momentan zur Verfügung steht und welche Geschwindigkeit und Beschleunigungswerte damit momentan erzielt werden. Diese Daten ermöglichen es, das Lastzuggesamtgewicht hinreichend genau abzuschätzen. War das Fahrzeug geparkt, so ist das Fahrzeuggewicht natürlich neu zu ermitteln, da es sich um einen Entladevorgang oder Ladevorgang gehandelt haben könnte. Der Algorithmus der Gewichtsermittlung nimmt als Startwert in der Regel ein hohes Gewicht an und nähert diesen Startwert im Laufe der Fahrt an den tatsächlichen Gewichtswert an.

Automatisierte Getriebe bieten dem Fahrer häufig zusätzliche Funktionen, die den Betrieb des Fahrzeugs vereinfachen:

- **Der Rangiermodus** erleichtert das Rangieren des Fahrzeugs bei niedrigen Geschwindigkeiten. Im Rangiermodus wird der Gesamtweg des Gaspedals auf ein schmales Drehzahlband von zum Beispiel 500 bis 1000 Umdrehungen pro Minute abgebildet. Damit kann der Fahrer feinfühliger einen geringen Geschwindigkeitsbereich regeln.
- **Der Freischaukelmodus** ist eine Funktion, die insbesondere für Baustellenfahrzeuge und Geländefahrzeuge gedacht ist. Er erlaubt einen raschen (vom Fahrer angeforderten) Wechsel zwischen Vorwärts- und Rückwärtsgang. Damit gelingt es eventuell ein festgefahrenes Fahrzeug im unbefestigten Untergrund wieder „freizuschaukeln".
- Einige Getriebeautomatisierungen bieten einen sogenannten **Powermodus** an. In diesem Powermodus wird der Motor stärker ausgedreht, das heißt, es wird bei höheren Drehzahlen geschaltet. Damit einhergehend steht dem Fahrer eine höhere Leistung zur Verfügung – wie der Name Powermodus schon sagt. Der Nachteil des Powermodus ist, dass er naturgemäß mit einem erhöhten Verbrauch verbunden ist.

---

[5] Automatisierte Getriebe werden gerne als automatisierte mechanische Getriebe bezeichnet, um zu signalisieren, dass die innere Mechanik den konventionellen handgeschalteten Stirnradgetrieben entspricht, und um die automatisierten Getriebe von den Automatgetrieben abzugrenzen.

- Ähnlich dem Powermodus funktioniert die **Kickdown-Funktion**: Tritt der Fahrer beherzt auf das Gaspedal, so interpretiert die Elektronik dies als Wunsch nach maximaler Motorleistung und lässt den Motor höher drehen, bevor in den nächsten Gang geschaltet wird. Dadurch steht dem Fahrer eine erhöhte Motorleistung zur Verfügung.
- Der **Economy-Modus** ist das Gegenteil des Powermodus. Die Schaltpunkte werden so gewählt, dass das Fahrzeug möglichst ökonomisch fährt – das heißt bei niedrigen Drehzahlen in den nächsthöheren Gang schaltet.
- Eine weitere Funktion der Getriebe- und Triebstrangsteuerung, die der Kraftstoffeffizienz dient, ist die **Eco-Roll-Funktion**. Eco-Roll ist aktiv, wenn sich das Fahrzeug in einer Rollphase befindet. Während einer Rollphase wird das Getriebe in neutral geschaltet. Die Energie, die erforderlich ist, um das Schleppmoment des Motors aufzubringen, muss nicht investiert werden. Der Motor ist vom restlichen Triebstrang abgekoppelt und läuft im Leerlaufbetrieb. Dadurch wird der Schwung des Fahrzeugs weniger stark gebremst und die Rollphase verlängert.

Eine Eigenheit der automatisierten Getriebe ist, dass das Fahrzeug nicht mit eingelegtem Gang abgestellt werden darf – anders als beim Fahrzeug mit Handschalter, bei dem man beim Parken gerne einen Gang einlegt. Ein Fahrzeug mit automatisiertem Getriebe wird mit der Getriebestellung neutral abgestellt, da bei eingelegtem Gang und geschlossener Kupplung der Motor nicht startbar ist. Es ist nach längerer Parkdauer nicht sichergestellt, dass das abgestellte Fahrzeug beim Neustart genügend Luft in den Luftkesseln aufweist, um das Getriebe in neutral zu schalten oder die Kupplung zu öffnen, denn bei längerer Parkdauer verliert das Fahrzeug eventuell Luft aus dem Druckluftsystem. Ist das Getriebe in neutral geschaltet, wenn das Fahrzeug geparkt wird, so ist der Motor vom Triebstrang getrennt und der Motor lässt sich starten. Der Motor treibt den Luftpresser, der dann die Luftdruckkessel wieder auf den erforderlichen Füllstand bringt, so dass anschließend Kupplungsbetätigungen und Gangwechsel wieder möglich sind.

Der konventionelle Handschalter hat dieses Problem nicht, da der Fahrer per Kupplungspedal den Motor vom Triebstrang abkoppeln kann und damit die Startbarkeit des Motors nicht behindert ist.

3.7 Automatgetriebe

Das „klassische" Automatgetriebe oder Automatikgetriebe besteht aus Planentensatz-Getrieben mit Lamellenbremsen und einer hydrodynamischen Wandlerkupplung als Kupplungselement. Im Personenwagen-Bereich ist diese Getriebeform in vielen Märkten dominierend, im Lastwagen handelt es sich eher um eine exotische Lösung für Nischenanwendungen.

Im Bus, insbesondere beim Stadtbus, findet das Automatgetriebe mit Wandlerkupplung allerdings häufig Verwendung. Ein automatisiertes Stirnradgetriebe – auch wenn es aus Kundensicht automatisch schaltet – ist in diesem Sinne KEIN Automatgetriebe.

Die Vorteile des Automatikgetriebes sind der hohe Komfort und die zugkraftunterbrechungsfreien Schaltvorgänge. Durch den Wandler lassen sich sehr sanfte Anfahrvorgänge realisieren, was insbesondere im Stadtbus (stehende Passagiere!) interessant ist. Außerdem übernimmt der Wandler einen Teil der gewünschten Übersetzungsspreizung, so dass die erforderliche Getriebespreizung geringer ist und daher ein Getriebe mit weniger Gängen eingesetzt werden kann.

Durch die Lamellenkupplungen, die permanent Öldruck erfordern, ergibt sich allerdings in Triebsträngen mit Automatikgetrieben ein spürbar höherer Verbrauch in der Größenordnung von 5 %, verglichen mit automatisierten Stirnradgetrieben (AMT).

3.8 Nebenabtriebe

Um weitere Aggregate am Lastkraftwagen mit der mechanischen Energie des Motors anzutreiben, sind sogenannte Nebenabtriebe vorgesehen. Es werden beispielsweise folgende Funktionen angetrieben: Die Kippfunktion der Kippmulde eines Baustellenfahrzeugs, Kranfunktionen, Antriebe für Betonpumpen, Kehrmaschinen, Seilwinden, Antriebe für Müllaufbauten, Wasserpumpen und vieles mehr. Häufig treibt der mechanische Nebenabtrieb zunächst eine Hydraulikpumpe an. Mit Hilfe der hydraulischen Energie wird dann eine (oder mehrere) der aufgelisteten Funktionen angetrieben.

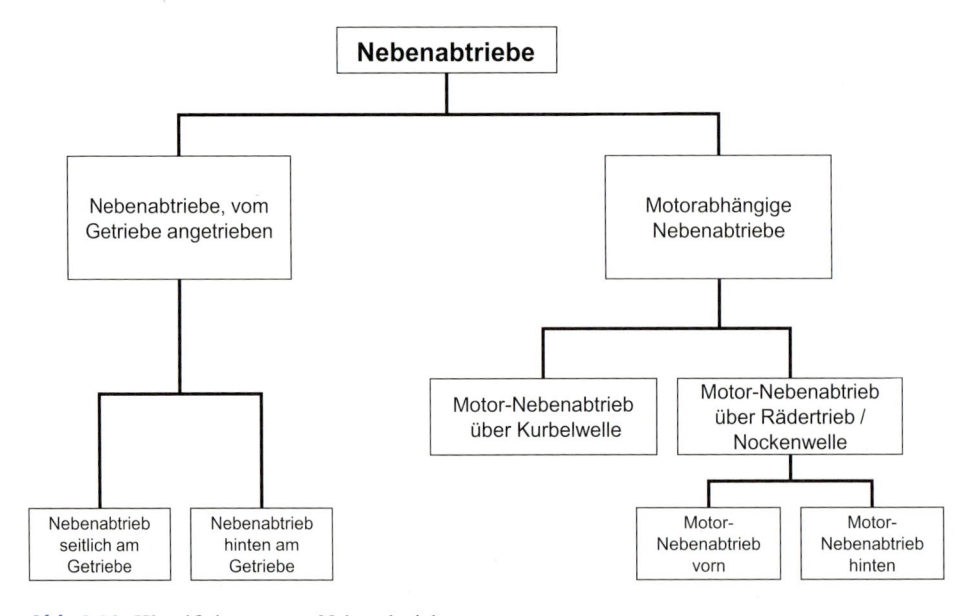

Abb. 3.16 Klassifizierung von Nebenabtrieben

Häufig wird unterschieden zwischen motorabhängigen Nebenabtrieben, die direkt vom Motor angetrieben werden und solchen, die hinter der Kupplung am Getriebe angeflanscht sind.

Motorabhängige Nebenabtriebe können direkt von der Kurbelwelle angetrieben werden oder über den Rädertrieb/die Nockenwelle abgezweigt werden. Sie sind getriebeunabhängig.

Wird der Nebenabtrieb im Getriebe abgezweigt, gibt es mehrere Möglichkeiten: Im Getriebe kann der Nebenabtrieb durch ein spezielles Rad auf der Vorgelegewelle angetrieben werden oder aber am Ende der Vorgelegewelle wird eine verlängerte Welle aus dem Getriebe herausgeführt.

Abb. 3.16 stellt eine Klassifizierung der Nebenabtriebe dar.

3.9 Verteilergetriebe

Verteilergetriebe dienen dazu (wie der Name schon nahelegt) die Antriebskraft aufzuteilen. Die Differentiale der Achse und die Durchtriebsachsen sind in diesem Sinne auch Verteilergetriebe werden aber hier nicht behandelt (siehe [3]). Beim Lastkraftwagen mit angetriebener Vorderachse ist das Verteilergetriebe ein separates Aggregat, das im Rahmen befestigt ist. Das Verteilergetriebe wird von einer vom Getriebe kommenden Gelenkwelle angetrieben und verteilt die Kraft. Ein Teil der Kraft wird an die Vorderräder, ein anderer Teil der Kraft an die Hinterräder übermittelt.

Die Kraftverteilung kann symmetrisch (50 : 50) aber auch in einem anderen Verhältnis erfolgen. Häufig bieten Verteilergetriebe für schwere Lastkraftwagen eine Schaltmöglichkeit: diese kann darin bestehen, dass man den Kraftfluss zur Vorderachse zu- und abschalten kann, so dass man einen zuschaltbaren Vorderradantrieb erhält. Auch bieten verschiedene Verteilergetriebe eine zusätzliche Übersetzungsstufe an: im „Normalbetrieb" hat das Verteilergetriebe eine Übersetzung von 1; im schweren Gelände übersetzt das Verteilergetriebe nochmals zusätzlich ins Langsame. Die Raddrehzahl (Fahrzeuggeschwindigkeit) sinkt, die Kraft am Rad steigt.

Abb. 3.17 zeigt die Schemata verschiedener Funktionen, die man im Verteilergetriebe finden kann. Die Abb. 3.18 zeigt die Einbaulage eines Verteilergetriebes im Fahrzeug.

Abb. 3.19 zeigt eine Schnittzeichnung eines komplexen Dreiwellenverteilergetriebes. Oben links in der Zeichnung ist der getriebeseitige Flansch über den der Antrieb erfolgt. Im unteren Bildteil sind die beiden Abtriebsflansche für die Vorderachse(n) und die Hinterachse(n). Die oberste Welle weist die Schaltung auf, die es erlaubt, zwei Übersetzungen im Verteilergetriebe zu wählen.

a Starre Verbindung zur Vorderachse

b Zuschaltbare Vorderachse

c Zwei Übersetzungen im Verteilergetriebe

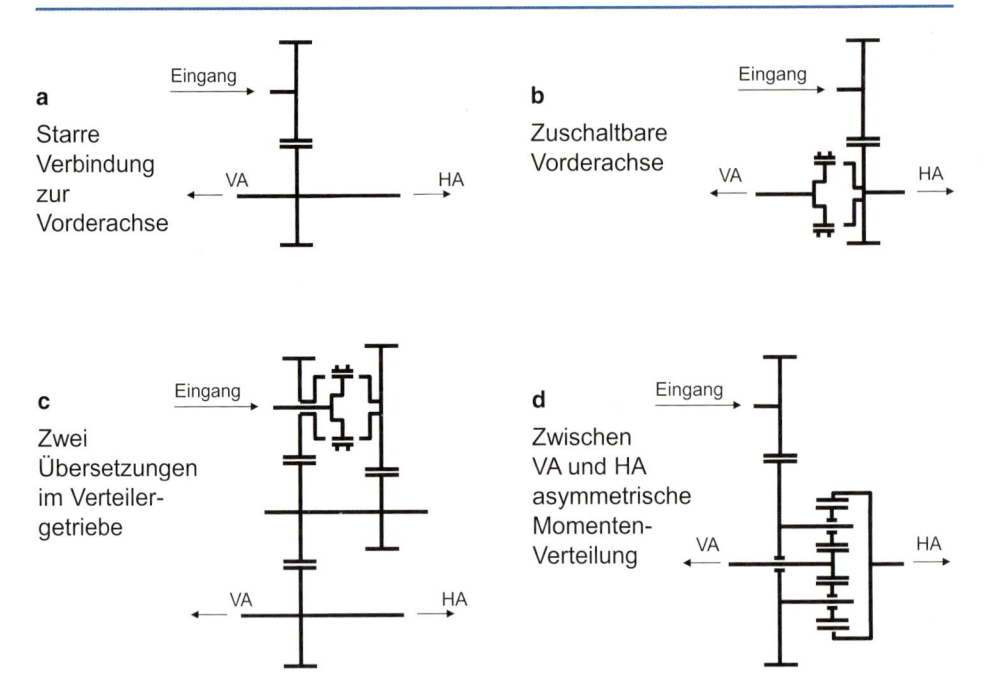

d Zwischen VA und HA asymmetrische Momenten-Verteilung

Abb. 3.17 Verschiedene Funktionen des Verteilergetriebes als Radschema dargestellt. VA steht für Vorderachse und HA steht für Hinterachse. **a** zeigt das einfachste Verteilergetriebe. In **b** ist dargestellt, dass die Vorderachse zuschaltbar ist. **c** zeigt das Radschema eines Verteilergetriebes mit zwei Übersetzungsstufen während **d** ein mögliches Schema für eine Lösung zeigt, bei der die Momentenaufteilung zwischen Vorderachse und Hinterachse asymmetrisch erfolgt

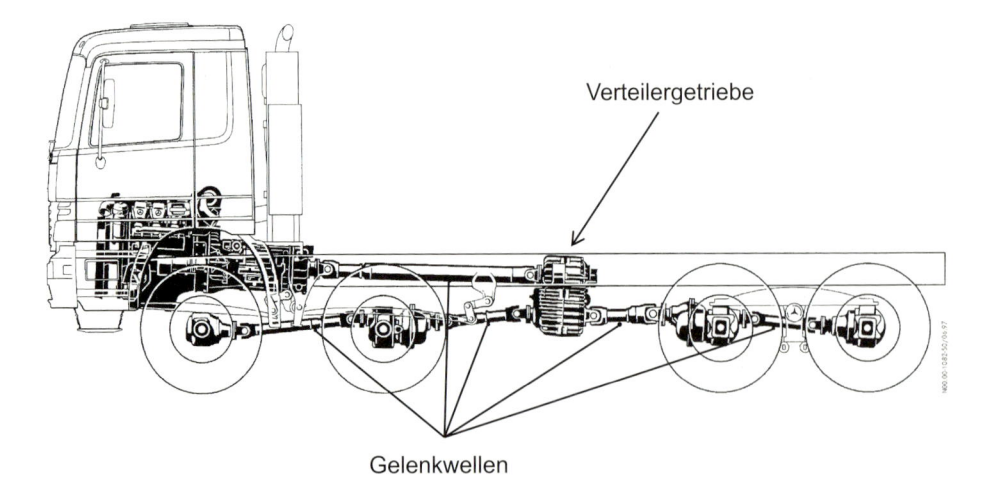

Abb. 3.18 Einbaulage des Verteilergetriebes in einem 8×8 Fahrzeug. Darstellung: Daimler AG

3.9 Verteilergetriebe

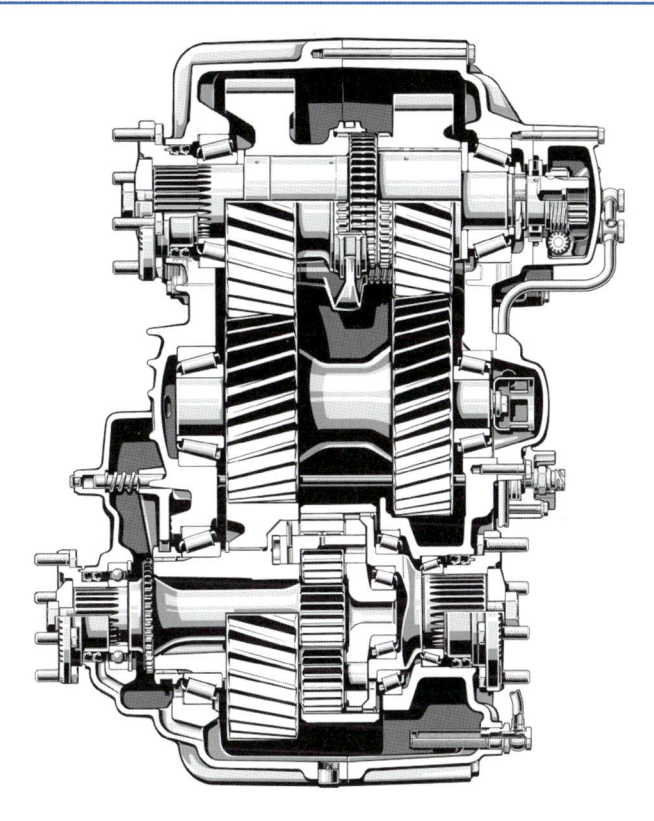

Abb. 3.19 Komplexes Dreiwellenverteilergetriebe. Darstellung: Daimler AG

Kupplung 4

Die Kupplung hat die Aufgabe, den Kraftschluss zwischen Motor und Getriebe (mit den sich ans Getriebe anschließenden Triebstrangelementen) zu unterbrechen. Diese Abkoppelbarkeit des Motors ist erforderlich, um den Motor starten zu können, um im Getriebe Gänge wechseln zu können und um das Fahrzeug wieder anhalten zu können. Des Weiteren dämpft die Kupplung die Drehungleichförmigkeit des Motors ab.

4.1 Reibkupplung

Die Reib- oder Trockenkupplung erfüllt die Kupplungsfunktion, indem zwei Flächen mit einer Membranfeder gegeneinander gepresst werden. Die eine dieser beiden Kupplungsflächen ist mit der Getriebeeingangswelle fest verbunden, die andere ist mit der Kurbelwelle des Motors fest verbunden. Wird eine Kraft gegen die Membranfeder aufgebracht, so lösen sich die beiden Flächen voneinander. Das Öffnen der Kupplung gegen die (sehr starke) Membranfeder wird bei schweren Lkws mit Hilfe eines Pneumatikzylinders bewerkstelligt. Beim konventionellen Kupplungspedal wird über die Pedalbetätigung der Pneumatikzylinder aktiviert; bei automatisierten Getrieben steuert die Elektronik Magnetventile an, die den Pneumatikzylinder mit Luft beschicken und damit die Kupplung öffnen.

Im eingekuppelten Zustand muss die Reibungskraft zwischen den beiden Kupplungsflächen so groß sein, dass die Flächen nicht aneinander vorbei rutschen („durchrutschen"). Das maximal übertragbare Moment der Kupplung muss dem maximalen Motormoment plus Sicherheitsfaktor entsprechen. Das durch die Kupplung übertragbare Moment ergibt sich aus der wirksamen Fläche der Kupplung, dem Reibwert und der Anpresskraft durch die Membranfeder. Um die Leistungsfähigkeit der Kupplung zu steigern, gibt es sogenannte Zweischeibenkupplungen. Hier wird die wirksame Fläche vergrößert, indem die Kupplung aus zwei Kupplungsscheiben besteht.

Die Gehäuseabmessungen für federbelastete Reibkupplungen für Lastkraftwagen und Omnibusse sind normiert in ISO 7649 [9]. Der motorseitige Anschluss des Kupplungsgehäuses, nämlich das Schwungradgehäuse, ist normiert in ISO 7648 [10]. So kann ein Getriebe mit einer einheitlichen Kupplungsglocke in Fahrzeugen verschiedener Hersteller Verwendung finden.

Da während des Einkuppelvorgangs die beiden Scheiben der Kupplung aufeinander reiben, entsteht kurzfristig eine große Wärmemenge. Diese Wärmeenergie wird von der thermischen Masse der Kupplung aufgenommen und allmählich an die Umgebung abgegeben. Die Kupplung muss daher eine gewisse Mindestgröße aufweisen, um die Wärme aufnehmen zu können.

Wird die Kupplung zu warm, so nimmt sie Schaden oder wird gar zerstört. Unsachgemäßer Umgang mit der Kupplung kann bei hohen Belastungen (Tonnage, Drehmoment) im Lkw recht schnell zu Kupplungsschäden führen. Hier zeigt sich ein weiterer Vorteil des AMTs (Abschn. 3.6.1): Die Kupplung wird automatisiert bedient und kann daher durch unsachgemäßes Verhalten des Fahrers nicht vorzeitig verschlissen werden.

4.2 Hydrodynamische Kupplungen und Wandler

Die Hydrodynamik nutzt die Massenträgheit eines Flüssigkeitsstroms, um Kräfte zu übertragen[1]. Im Triebstrang werden als hydrodynamische Elemente die hydrodynamische Kupplung, der Wandler und der Flüssigkeitsretarder (für den Retarder siehe Abschn. 6.1) verwendet. Das Grundprinzip ist bei allen drei Aggregaten das gleiche: Ein Pumpenrad beschleunigt das Fluid, das Fluid trifft auf das Turbinenrad und dieses wird vom Fluid angetrieben. Dieses System beinhaltet zwei Energiewandlungen: Zunächst wird die mechanische Energie des Pumpenrads und der mit dem Pumpenrad starr verbundenen Teile in kinetische Energie des Fluids umgewandelt. Anschließend wird die kinetische Energie des Fluids wiederum in mechanische Energie am Turbinenrad umgewandelt. Die zweifache Energieumwandlung resultiert in einem schlechten Wirkungsgrad. Bei Kupplungen und Wandlern ist dieser schlechte Wirkungsgrad unerwünscht. Daher werden hydrodynamische Kupplungen und Wandler mit sogenannten Überbrückungskupplungen versehen: Wenn die Eigenschaften des hydrodynamischen Elements nicht benötigt werden, wird die Pumpenradseite und die Turbinenradseite mechanisch verbunden. Das hydrodynamische Element wird „überbrückt".

Der Vorteil der hydrodynamischen Kupplung ist, dass ein kontinuierlicher sanfter Anfahrvorgang möglich ist. Dieser Komfort ist zum Beispiel bei Linienbussen (stehende Fahrgäste) und bei Pkws sehr willkommen. Über den Füllgrad des Schaufelraums mit der Hydraulikflüssigkeit kann man kontinuierlich das übertragene Drehmoment variieren. Da Motor und Triebstrang nicht mechanisch starr gekoppelt sind, werden auch die

---

[1] Während die Hydrostatik mit Druckfortpflanzung und Verdrängung arbeitet.

Abb. 4.1 Darstellung eines Drehmomentwandlers mit Pumpenrad, Turbinenrad und Leitrad

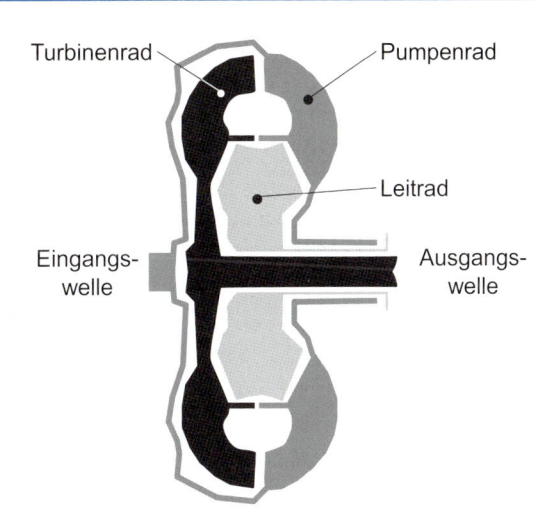

Drehschwingungen des Motors gedämpft. Des Weiteren kann der Motor nicht abgewürgt werden.

Verfügt das hydrodynamische System nur über Pumpenrad und Turbine, so handelt es sich um eine Kupplung. Wird zwischen Pumpe und Turbine zusätzlich noch ein Leitrad eingesetzt, so lässt sich mit Hilfe dieses Leitrades das Drehmoment wandeln. Abb. 4.1 zeigt schematisch einen Wandler und seine wichtigsten Bauteile. Die Pumpe läuft deutlich schneller als die Turbine, dafür wird die Turbine mit mehr Drehmoment angetrieben. Man spricht von der „Drehmomentüberhöhung", beziehungsweise von der „Wandlerüberhöhung". Diese kann man nutzen, um beim Anfahren mehr Drehmoment an den Rädern zur Verfügung zu haben. Die Drehmomentüberhöhung kann aber dazu führen, dass die Traktionsgrenze zwischen Reifen und Straße häufig erreicht wird. Mit dem kontinuierlichen Anstieg von Motorleistung und Drehmoment ist es immer weniger attraktiv, Wandler mit Drehmomentüberhöhung im Lastkraftwagen einzusetzen.

Die hydrodynamische Kupplung, insbesondere mit Überbrückungskupplung, ist teurer als eine konventionelle Trockenkupplung, so dass die Mehrzahl der Lastkraftwagen mit einer Trockenkupplung ausgestattet ist.

4.2.1 Kupplungskonzepte für Schwertransporte

Bei Schwertransporten werden große sperrige und schwere Lasten bewegt. Es handelt sich in der Regel um unteilbare Einheiten wie zum Beispiel Großmotoren, Turbinen, Maschinen, Transformatoren, Stahl- und Betonfertigteile oder (Eisenbahn-)Fahrzeuge. Die Besonderheit der Schwerlast-Fahrzeuge besteht darin, dass sie bei großer Last anfahren können und mit sehr geringen Geschwindigkeiten über einen längeren Zeitraum rangieren können (sperrige Ladung!). Dieser Einsatzfall stellt eine große thermische Belastung für die Kupplung dar. Mit konventionellen Trockenkupplungen ist dies nicht zu bewerkstelligen. Daher werden hydrodynamische Kupplungen oder hydrodynamische Wandler in Schwertransporten eingesetzt. Die Kühlung des Motors und des hydrodynamischen Elements, das eine große Wärmemenge aufnimmt, erfolgt über eine Heckkühlanlage hinter dem Fahrerhaus. [13] erläutert den Triebstrang einer Schwerlastzugmaschine und legt besonderen Fokus auf die Darstellung des hydrodynamischen Elements.

Gelenkwelle(n) 5

Die Funktion der Gelenkwelle besteht aus der Übertragung von Drehmoment zwischen Getriebe, Verteilergetriebe und Antriebsachsen. Die Gelenkwelle erlaubt es zwei nicht miteinander fluchtende Drehachsen zu verbinden. Da sich Getriebe und Achsen beim Einfedervorgang relativ zueinander bewegen, muss die Gelenkwelle in der Lage sein, diese Relativbewegung auszugleichen. Die Relativbewegung kann sowohl die Orientierung der Aggregate zueinander, als auch den Abstand der Aggregate verändern. Je nach geometrischen Gegebenheiten muss die Gelenkwelle daher einen Winkelausgleich und einen Längenausgleich herbeiführen. Um diese Anforderungen zu erfüllen, besteht die Gelenkwelle neben dem eigentlichen Wellenrohr aus Gelenken – in der Regel Kreuz- oder Kardangelenken – und gegebenenfalls einem Längenausgleich. Am Ende der Gelenkwelle erlauben es Flansche, die Gelenkwelle an die Ausgangs- oder Eingangswelle der jeweiligen Aggregate anzuschließen.

Der Winkel zwischen der Drehachse der Gelenkwelle und der Drehachse des Aggregateausgangs ist der sogenannte Beugewinkel. Bei der Anordnung der Aggregate zueinander sind kleine Beugewinkel anzustreben. Dadurch werden die Bauteilbelastung, die Vibrationen und die Geräuschentwicklung positiv beeinflusst. Außerdem ist bei kleinen Beugewinkeln der sogenannte Kardanfehler am geringsten. Der Kardanfehler beschreibt, dass das Kardangelenk die Rotationsbewegung ungleichmäßig überträgt: Momentan ist die Winkelgeschwindigkeit am Eingang des Kardangelenks nicht gleich der Winkelgeschwindigkeit am Ausgang des Kardangelenks. Um den Beugewinkel gering zu halten, kann der Konstrukteur die Aggregate (leicht) gekippt ins Fahrzeug einbauen.

Abb. 5.1a das Foto einer Gelenkwelle. Abb. 5.1b illustriert einige der im Text genannten geometrischen Gegebenheiten.

Lange Gelenkwellen werden durch ein Zwischenlager abgestützt. Des Weiteren findet man bei langen Gelenkwellen mehrteilige Gelenkwellen, die in der Mitte durch ein weiteres Gelenk aufgebrochen sind – Abb. 5.1a zeigt eine mehrteilige Gelenkwelle mit Zwischenlager.

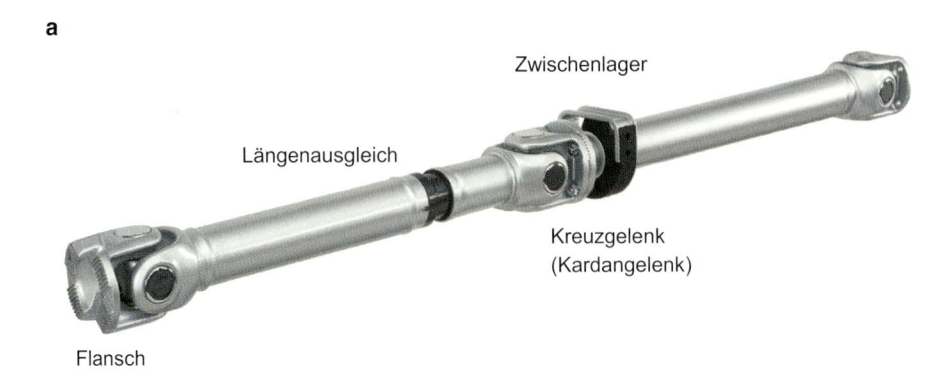

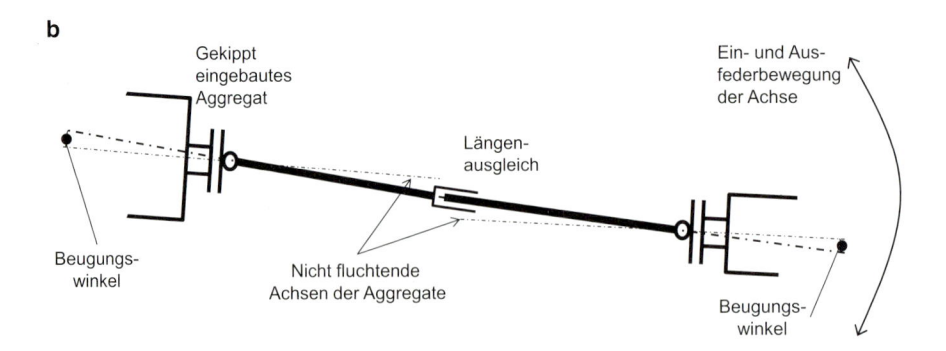

Abb. 5.1 a Gelenkwelle für schwere Lastkraftwagen mit drei Kardangelenken, Längenausgleich und Zwischenlager. Foto: Daimler AG. **b** Geometrie der Gelenkwelle und ihres Einbaus ins Fahrzeug

Verfügt das Fahrzeug über einen Achsdurchtrieb (zwei angetriebene Hinterachsen) oder über ein Verteilergetriebe (angetriebene Vorderachse), so sind mehrere Gelenkwellen erforderlich – siehe Abb. 3.18.

Retarder 6

Retarder sind verschleißfreie Bremsen, die neben der normalen Radbremse und der Motorbremse im Fahrzeug eingebaut sein können. Die Bremswirkung des Retarders hängt von der Rotationsgeschwindigkeit des Bauteils ab, das gebremst werden soll: um so schneller dieses rotiert, desto größer ist die Bremswirkung.

Der Retarder wird häufig entweder am Getriebeausgang oder an der Gelenkwelle angeordnet. In diesen Fällen sitzt er hinter dem Getriebe und man spricht vom sogenannten Sekundärretarder. Die Positionierung des Retarders als Sekundärretarder bedeutet, dass die Bremswirkung besonders groß ist, wenn sich die Räder und der Getriebeausgang schnell dreht. Der gewählte Gang beeinflusst die Bremswirkung des Sekundärretarders nicht. Auch bleibt die Bremswirkung erhalten, während der Gang gewechselt wird. Günstig ist auch, dass das Bremsmoment des Sekundärretarders das Getriebe nicht belastet.

Neben dem Sekundärretarder findet man auch sogenannte Primärretarder. Diese sitzen vor dem Getriebe. Die Bremswirkung hängt dann nicht von der Raddrehzahl sondern von der Motordrehzahl ab. Die Bremswirkung des Primärretarders wirkt (wenn die Kupplung geschlossen ist und ein Gang eingelegt ist) mit der eingelegten Getriebeübersetzung auf die Hinterachse. Daher kann der Primärretarder im unteren Geschwindigkeitsbereich – bei Gängen mit hohen Getriebeübersetzungen – eine hohe Bremswirkung anbieten.

6.1 Hydrodynamische Retarder

Das Prinzip des hydrodynamischen Retarders ist folgendes: Der Retarder hat ein sich drehendes Schaufelrad, den sogenannten Rotor. Dieser rotiert in einem Gehäuse. Wird die Bremsleistung benötigt, so wird dieses Gehäuse mit einer Flüssigkeit geflutet, so dass der Rotor sich in der Flüssigkeit dreht und die Flüssigkeit beschleunigt. Konventionelle hydrodynamische Retarder benutzen Öl als Fluid. Im Retarder sitzt ein Stator, gegen den die Flüssigkeit geschleudert wird und der den Flüssigkeitsstrom leitet. Das Fluid wird im Stator wieder abgebremst. Der Rotor gibt seine Bewegungsenergie an das Fluid ab, die Rotorbewegung erfährt einen hohen Widerstand und wird abgebremst. Um den Retarder möglichst effektiv zu gestalten, ist die Innengeometrie des Retarders gezielt geformt. Auch der Rotor ist ausgeformt, um eine möglichst starke Bremswirkung zu erzielen. Die Bewegungsenergie des Rotors wird letztlich in Wärmeenergie umgewandelt. Während der Rotor (und das Fahrzeug) abgebremst wird, erwärmen sich die Retarderflüssigkeit und auch das Retardergehäuse. Diese Wärme muss abgeführt werden. Konventionelle Retarder pumpen daher im Bremsbetrieb das Retarderfluid durch einen Wärmetauscher, der die Wärme an das Kühlsystem des Motors abgibt[1].

Verschiedene Retarderstufen werden geregelt, indem die Flüssigkeitsmenge abgestuft wird, die in das aktive Retardervolumen eingespeist wird.

Die Dauerbremsleistung des Retarders wird durch die Kapazität des Kühlsystems begrenzt. Kann das Kühlsystem keine Wärme mehr aufnehmen, da die maximale Kühlwassertemperatur erreicht ist, so muss die Retarderbremsleistung reduziert werden, um Schäden am Fahrzeug zu vermeiden.

Ist der Bremsvorgang beendet, so wird das Fluid wieder aus der Rotor-Stator-Kammer des Retarders ausgeworfen. Dieser Pumpvorgang wird durch die Schaufelwirkung des Rotors selber ausgeführt.

Im Freilauf (wenn keine Bremsung gewünscht ist) dreht sich der Rotor durch die Luft im Retardergehäuse. Auch diese Bewegung verursacht eine geringe (unerwünschte) Abbremsung. Um diese Abbremsung so gering wie möglich zu halten, gibt es verlustleistungsreduzierte Retarder, bei denen der Rotor durch eine Feder vom Stator weggedrückt wird. Die Luft kann so möglichst ungehindert in der Kammer zirkulieren.

---

[1] Es gibt auch Sekundärretarder, die in den Ölkreislauf des Getriebes integriert sind. Diese werden beispielsweise unter dem Namen Intarder (MAN) vermarktet.

6.1.1 Wasserretarder

Moderne Retarder arbeiten direkt mit dem Kühlwasser als Arbeitsmedium. Der Wärmetauscher zwischen dem Ölkreislauf und dem Kühlwasserkreislauf des Motors kann entfallen. Auch das Öl und der Ölbehälter ist nicht erforderlich. So spart man Gewicht und Kosten. Des Weiteren spart man den Aufwand für die Wartung des Retarderöls. [15] stellt ein Beispiel eines Primärretarders mit Wasser als Arbeitsmedium vor.

6.2 Induktive Retarder

6.2.1 Retarder mit Permanentmagneten

Beim Retarder mit Permanentmagneten sind im Stator starke Permanentmagneten angeordnet. Des Weiteren verfügt der Stator über einen Kranz verschiebbarer Polstücke (oder aber die Magnete sind verschiebbar und die Polstücke ortsfest). Diese können in verschiedene Positionen über die Permanentmagnete geschoben werden. Je nach Lage dieser Polstücke laufen die magnetischen Feldlinien der Permanentmagnete durch den Rotor oder eben nicht. Wird der Rotor von den Feldlinien durchdrungen, so wird nach der Lenz'schen Regel im Rotor eine Lorenzkraft induziert. Diese Lorenzkraft ist der Bewegungsrichtung entgegen gerichtet, das heißt, sie ist bestrebt, den Rotor abzubremsen (siehe [2] oder jedes andere gute Physiklehrbuch). Abb. 6.1 veranschaulicht das Prinzip dieses Retarders.

Durch den im Rotor induzierten Strom wird der Rotor erwärmt. Die kinetische Energie wird also auch hier letztlich in Wärmeenergie umgesetzt. Daher weist der Rotor eine Rippenstruktur auf, um möglichst viel Wärme an die Umgebungsluft abzugeben.

Die Bauform des Retarders als Permanentmagnetretarder zeichnet sich durch ein geringes Gewicht und eine vergleichsweise einfache Integration ins Fahrzeug aus.

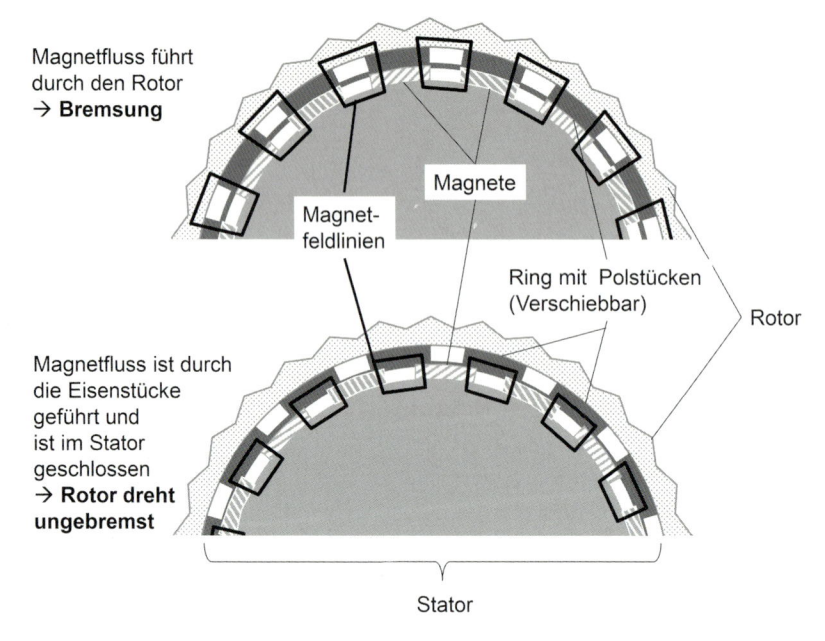

Abb. 6.1 Prinzip des Retarders mit Permanentmagneten

6.2.2 Retarder mit Elektromagneten

Wirbelstrombremsen mit höherer Leistung werden mit Elektromagneten realisiert [14]. Das Prinzip der Bremsung ist das gleiche wie beim Permanentmagnetretarder: Im Falle einer Bremsung durchdringen die Magnetfeldlinien den Rotor und erzeugen eine der Bewegungsrichtung entgegengesetzte Kraft. Allerdings wird das Magnetfeld mit Spulen (Elektromagneten) erzeugt. Fordert der Fahrer oder das elektronische Bremsenmanagement des Fahrzeugs die Bremswirkung des Retarders, so werden die Spulen bestromt und das erforderliche Magnetfeld baut sich auf. Die Bremskraft wird wieder abgebaut, wenn die Spulen stromlos geschaltet werden.

Verständnisfragen

Die Verständnisfragen dienen dazu, den Wissensstand zu überprüfen. Die Antworten auf die Fragen finden sich in den Abschnitten, auf die sich die jeweilige Frage bezieht. Sollte die Beantwortung der Fragen schwer fallen, so wird die Wiederholung der entsprechenden Abschnitte empfohlen.

A.1 Fahrwiderstand
(a) Welche Kräfte tragen zum Fahrwiderstand bei?
(b) Wie hängen diese Kräfte von der Geschwindigkeit ab?
(c) Wie ergibt sich daraus die erforderliche Motorleistung?

A.2 Aufgabe des Getriebes
Warum braucht das Fahrzeug ein Getriebe?

A.3 Direktganggetriebe
(a) Was ist der Direktgang in einem Nutzfahrzeuggetriebe?
(b) Welchen Vorteil bietet der Direktgang?
(c) Warum möchte man (im Fernverkehr) den höchsten Gang als Direktgang ausführen?

A.4 Rückwärtsgang
(a) Wie funktioniert der Rückwärtsgang?
(b) Wie verläuft in den Abb. 3.13 und 3.14 der Kraftfluss durch das Getriebe, wenn der Rückwärtsgang eingelegt ist?

A.5 Spreizung
(a) Was ist die Spreizung eines Getriebes?
(b) Was bestimmt die erforderliche Gesamtspreizung eines Getriebes?
(c) Warum kommen Wandlerautomatgetriebe mit geringerer Spreizung aus?

A.6 Verluste im Getriebe
(a) Wie geht im Getriebe Energie verloren?
(b) Wo geht diese Energie hin?

A.7 Triebstrang
(a) Welche zusätzlichen Komponenten braucht ein Fahrzeug mit angetriebener Vorderachse?
(b) Welche Bewegungen muss die Gelenkwelle ausgleichen?

A.8 Drehmoment/Drehzahl
(a) Erläutern Sie die Drehmomentwandlung im Getriebe.
(b) Wie hängen Motordrehzahl und Fahrgeschwindigkeit zusammen?

A.9 Retarder
(a) Welche Vorteile bietet ein Retarder? Gibt es auch Nachteile?
(b) Welche Wirkprinzipien werden für Retarder verwendet?

A.10 Nebenabtrieb
(a) Wozu braucht man Nebenabtriebe?
(b) Welche unterschiedlichen Nebenabtriebe gibt es?

A.11 Begriffe
Erläutern Sie die Begriffe:
(a) Traktionsgrenze,
(b) Zugkrafthyperbel,
(c) Synchronisierung.

Abkürzungen und Symbole

Im Folgenden werden die in dieser Heftreihe benutzten Abkürzungen aufgeführt. Die Zuordnung der Buchstaben zu den physikalischen Größen entspricht der in den Ingenieur- und Naturwissenschaften üblichen Verwendung.

Der gleiche Buchstabe kann kontextabhängig unterschiedliche Bedeutungen haben. Beispielsweise ist das kleine c ein vielbeschäftigter Buchstabe. Zum Teil sind Kürzel und Symbole indiziert, um Verwechslungen auszuschließen und die Lesbarkeit von Formeln etc. zu verbessern.

Kleine lateinische Buchstaben

a	Beschleunigung
c	Beiwert, Proportionalitätskonstante
c_w	Luftwiderstandsbeiwert
f	Beiwert oder Korrekturfaktor
g	Erdbeschleunigung (g = 9,81 m/s^2)
g	Gramm – Einheit für die Masse
h	Höhe (Längenmaß)
i	Übersetzung, Verhältnis von Drehzahlen
k	kilo = 10^3 = das tausendfache
kg	Kilogramm – Einheit für die Masse
km/h	Kilometer pro Stunde – Einheit für die Geschwindigkeit; 100 km/h = 27,78 m/s
kW	Kilowatt – Einheit für die Leistung; 1000 Watt
kWh	Kilowattstunde – Einheit für die Energie
l	Länge
l	Liter, Volumenmaß; 1 l = 10^{-3} m^3
m	Masse
m	Meter
m	milli = 10^{-3} = ein Tausendstel
n	Drehzahl
r	Radius (Längenmaß)
s	Strecke (Längenmaß)

t	Tonne – Einheit für die Masse; 1 t = 1000 kg
v	Geschwindigkeit
z	Zahl der Zähne (eines Getriebezahnrades)

Große lateinische Buchstaben

A	Fläche, insbesondere Stirnfläche
E	Energie
F	Kraft
F_G	Gewichtskraft
J	Joule, Einheit der Energie
M	Drehmoment
M	Mega = 10^6 = Million
MJ	Mega Joule, Einheit der Energie; Eine Million Joule
N	Newton, Einheit der Kraft
P	Leistung
PS	Pferdestärke, Einheit der Leistung (keine SI-Einheit); 1 PS = 735,5 W
U/Min	Umdrehungen pro Minute; Winkelgeschwindigkeit
W	Mechanische Arbeit bzw. mechanische Energie
W_{kin}	Kinetische Energie (Bewegungsenergie)
W	Watt, Einheit der Leistung

Kleine griechische Buchstaben

α	Winkel
β	Winkel
γ	Winkel
μ	Reibwert
μ	steht für Mikro = 10^{-6} = Millionstel
ρ	Dichte
ϕ	Winkel
ϕ	Stufensprung im Getriebe: Verhältnis der Übersetzung zweier benachbarter Gänge
ω	Winkelgeschwindigkeit
ω	Drehzahl

Literatur

Allgemeine Lehrbücher

1. Lechner, G., Naunheimer, H.: Fahrzeuggetriebe – Grundlagen, Auswahl, Auslegung und Konstruktion. Springer Verlag, Berlin Heidelberg New York (1994)
2. Kneser, G.C.H.O., Vogel, H.: Physik – Ein Lehrbuch zum Gebrauch neben Vorlesungen. Springer Verlag, Berlin Heidelberg New York (1989)
3. Hilgers, M.: Nutzfahrzeugtechnik lernen – Chassis und Achsen. Springer Vieweg, Berlin/Heidelberg/New York (2016)
4. Hilgers, M.: Nutzfahrzeugtechnik lernen – Elektrik und Mechatronik. Springer Vieweg, Berlin/Heidelberg/New York (2016)
5. Hilgers, M.: Nutzfahrzeugtechnik lernen – Kraftstoffverbrauch und Verbrauchsoptimierung. Springer Vieweg, Berlin/Heidelberg/New York (2016)

Fachartikel

6. Mercedes-Benz: The new Antos, heavy-duty distribution. 18–44 tonnes GCW (2012). Technical data from product brochure
7. Vollmar, J., Köllermeyer, A., et al.: Mercedes Powershift – neue Generation automatisierter Schaltgetriebe. ATZ Automobiltechnische Zeitschrift **2008**(Januar), 38 (2008)
8. Reichenbach, M.: Getriebeinnovationen auf der 58. IAA. ATZ Automobiltechnische Zeitschrift **2000**(November), 934 (2000)
9. DIN ISO 7649: Hubkolben-Verbrennungsmotoren Kupplungsgehäuse Maße (1992)
10. DIN ISO 7649: Hubkolben-Verbrennungsmotoren Schwungradgehäuse Maße (1988)
11. Dräger, C., et al.: Das Kegelringgetriebe– Ein stufenloses Reibradgetriebe auf dem Prüfstand. ATZ Automobiltechnische Zeitschrift **1998**(September), 640 (1998)
12. Eaton: Service Manual: Fuller Heavy-Duty Transmissions TRSM0670 EN-US (2013). http://www.roadranger.com/rr/CustomerSupport/Support/LiteratureCenter, Zugegriffen: August 2013
13. Becke, M., et al.: Das Antriebskonzept des Mercedes-Benz Actros SLT. ATZoffhighway Sonderausgabe von ATZ **2009**(März), 58 (2009)
14. Voith Turbo SMI Technologies GmbH & Co KG: Prospekt: Der neue Voith Magnetarder. So leicht kann besser bremsen sein (2010)
15. Heilinger, P., et al.: Bremsen mit Wasser – Der neue Aquatarder von Voith. Automobiltechnische Zeitschrift ATZ **105**(4/2003), 354 (2003)

Sachverzeichnis

A
Abstufung, geometrische, 29
Abstufung, progressive, 29
Achsabstand, 16
Achsübersetzung, 7
AMT, 34
Automatgetriebe, 35

B
Bereichsgruppe, 28
Beugewinkel, 45
Bremse, verschleißfreie, 47

C
Crawler, 32

D
Direktgang, 21, 22
Direktganggetriebe, 8
Drehmomentüberhöhung, 43
Drehmomentwandler, 6
Drehrichtung, 3
Drehrichtungsumkehr, 13, 19
Drehzahlband, 9
Drehzahlbereich, 7
Drehzahlwandler, 6
Dreiwellengetriebe, 21

E
Economy-Modus, 35
Eco-Roll-Funktion, 35
Elemente, hydrodynamische, 42

F
Fahrwiderstand, 4
Festrad, 15
Freischaukelmodus, 34

G
Gang, 15
   direkter, 8
   halber, 24
Gelenkwelle, 45
Getriebe
   automatisierte, 34
   einstufiges, 16
Getriebeübersetzung, 7
Gleichleistungshyperbel, 6
Gruppengetriebe, 28, 31

H
Hauptgetriebe, 15
Hohlrad, 25

K
Kardangelenk, 45
Kennlinie, 7
Kickdown-Funktion, 35
Klauengetriebe, 19
Konstante, 24
Kriechgang, 32
Kupplung, 3

L
Lagerreibung, 23
Lenz'sche Regel, 49
Lorenzkraft, 49
Losrad, 16
Luftwiderstand, 4

M
Membranfeder, 41
Motordrehmoment, 9

N
Nebenabtriebe, 36

O
Ölpumpe, 24
Overdrive-Getriebe, 21

P
Planetengetriebe, 25
Planetenräder, 25
Powermodus, 34
Primärretarder, 47

R
Räderschema, 19, 31
Rangegruppe, 28
Rangierbetrieb, 7
Rangiergeschwindigkeit, 8
Rangiermodus, 34
Reibkupplung, 41
Reibung, 23
Reibungsbeiwert, 10
Retarder, 47
Retarder mit Permanentmagneten, 49
Rollwiderstand, 4
Rückwärtsgang, 19

S
Schaltknüppel, 32
Schaltstange, 17
Schaltung
　hydraulische, 33
　innere, 16, 32
Schaltvorgänge, zugkraftunterbrechungsfreie, 36
Schiebemuffe, 16
Schnellganggetriebe, 21
Schwertransport, 43
Seilzug, 32
Sekundärretarder, 47
Sonne, 25
Splitgruppe, 24
Spreizung, 8
Steg, 25
Steigung, 5
Steigvermögen, 9

Steuergerät, 34
Stirnradgetriebe, 20
Stufensprung, 23
Synchronisierung, 18
Synchronpaket, 16

T
Teleskopschaltung, 33
Traktionsgrenze, 10
Trockenkupplung, 41

U
Überbrückungskupplung, 42
Überschusskraft, 9
Übersetzung i, 6, 21
Übersetzungsverhältnisse, 15

V
Verlust, 23
Verluste
　lastabhängige, 23
　lastunabhängige, 23
Verluste im Getriebe, 23
Verteilergetriebe, 37
Volllastkurve, 7
Vorgelegewelle, 16

W
Wandlerkupplung, 35
Wandlerüberhöhung, 43
Wärme, 24
Wasserretarder, 49
Willis-Gleichung, 26
Wirbelstrombremse, 50

Z
Zähnezahlen, 19
Zahnradgetriebe, 13
Zahnradpaar, 15
Zugkrafthyperbel, 6
Zugkraftparabel, 9
Zugkraftreserve, 6
Zweischeibenkupplung, 41